回家·乡记

一种"路上建筑学"的观察

谭刚毅　编

同济大学出版社

图书在版编目（CIP）数据

回家·乡记：一种"路上建筑学"的观察 / 谭刚毅编 .
上海：同济大学出版社，2022.7
ISBN 978-7-5608-9963-3

Ⅰ . ①回… Ⅱ . ①谭… Ⅲ . ①建筑学—文集 Ⅳ . ① TU-53

中国版本图书馆 CIP 数据核字（2021）第 211338 号

回家·乡记：一种"路上建筑学"的观察

谭 刚 毅 编
责任编辑　陈立群（clq8384@126.com）
装帧设计　景嵘院设计咨询
电脑制作　朱晟楠
责任校对　徐春莲

出版发行　同济大学出版社 www.tongjipress.com.cn
　　　　　（地址：上海市四平路 1239 号　邮编：200092　电话：021- 65985622）
经　　销　全国各地新华书店
印　　刷　上海锦良印刷厂有限公司
成品规格　170mm×213mm　272 面
字　　数　270 000
版　　次　2022 年 7 月第 1 版　　2022 年 7 月第 1 次印刷
书　　号　ISBN 978-7-5608-9963-3
定　　价　78.00 元

序

寒假里，学生们大多会回家过年，到老家走一走，或都会或城镇或乡村。读书在外，身处客地，称原籍为乡，家与乡都是自己成长的地方。游历他乡后再近距离观察"家乡"，历经时光淘洗后再面对熟悉或陌生但真实的人和事，思考城乡之变化、社会之变革等人居环境问题。

这不是简单的寒假作业，而是建筑专业学子的一项学术训练（工作室的硕士和博士研究生必做，其他选做）。所谓"路上建筑学"，亦称建筑的社会学观察，强调通过细微的观察，从小处着眼，发现事物或现象背后的各种关联，由此思考可能的意义、隐含的学术价值，甚至凝练成学术命题。

这是思维训练，也是一次写作训练。训练学生学会写短文章，千字即可，一般不超过 4000 字。切忌空泛，摒弃某些"八股式"论文的倾向。

虽然这只是个人视角的观察，但如果一批人持之以恒坚持做同样的事，对每一次的回乡观察进行反思，或许某一天可以形成一部中国城乡人居环境变迁的微观史。基于个人的视角，观察、思考并建立身边的个体、事件、地方与时代之间的关联，小中见大，微观而独特地切入学科问题，呈现人居环境的变化，看似平常，实则深含大义。

谭刚毅

2021 年 9 月

目　录

2016 年

一个血缘型村落的房子和面子

张凤婕（2015 级博士）

  老公的家乡在江西省南昌市新建区乐化镇新庄村，农耕文明社会中家族和血缘的传统在当地至今延绵不息。新庄村是一个典型的血缘型村落，有 200 余户，万为主要姓氏。由于全村人相互之间几乎都有亲戚关系，大年初一早上，各户人家子孙辈互相登门拜年，十分热闹。新庄村的村民居住区分老村（老屋场）和新村（新屋场）两部分。老村规划遵循"背山面水"的原则，背后是一座小山包，房屋顺着山坡依次排列而下。当地人称村为"盘"，并用"大盘""小盘"形容村子的大小。村落布局紧凑，房与房之间关系紧密，屋前屋后均有水沟，用于组织房屋排水。池塘位于老村中轴线上，呈椭圆形，人工痕迹显著，用于村民取水、洗涤、灌溉农田、消防灭火。池塘边有一个不规则的小型广场，可兼作晒谷场。池塘西侧有一条小道笔直向东与村道连接，是村落的主要入口。老村中轴线正对池塘的第一座建筑便是祠堂。祠堂、广场和池塘共同组成了老村的公共活动中心。上世纪 80 年代，过境县道修成，很多人家陆续搬迁到县道两侧，由此逐渐发展为新村，老屋场许多老房逐渐荒废。老公家上世纪 90 年代从老村搬到新村，公婆在村道和县道的交叉口开了一个小商店，隔壁是村委会，不远处是新村的小学。门口搭了一座凉棚，闲暇时村民爱聚集在这里打牌；公交车的招呼站（停靠站）也设置在这，村民多在此等车，特殊的地理位置使他们家门口成了新村的公共活动场所，生意也非常"跑火"。

新庄村的房屋根据年代可分为四种类型。最早的类型为穿斗式木结构，房屋做阁楼，用于储存物品，阁楼开小窗。木隔断之间用草筋泥墙填充，涂上白灰，老村现在仍有半数房屋为这种类型。二伯的房屋盖于1980年代初，当时由于木料紧缺（据说一根木料价格高达25元），因此仅屋顶使用木料，青砖砌筑空斗墙承重。二伯家儿子的婚房建于80年代末，二层楼房，红砖砌筑、预制楼板，房屋从平面到立面已完全丧失了当地特色。新村的房屋为最新的类型，现代的形式、材料和工艺，但比80年代的楼房又要讲究许多。住宅的变迁在材料和结构上似乎有一个从低向高的发展过程，但形式和美似乎并非遵循同一过程，从这个村的村庄住宅发展历程明显可见，乡

图1　新庄村分区图

图2　老村（老屋场）鸟瞰图

图3　老村村口池塘

图4　婆婆的店子开在县道和村道交叉口

图5 穿斗式木结构

图6 青砖瓦房

图7 红砖楼房

图8 现在的新房

土的风格在逐渐丧失。在乡村建筑从传统向现代转型的过程中，也许革新得太过彻底，以致传统和现代之间存在一种历史的割裂感。

　　祠堂是中国传统社会中维系宗族和血缘关系的重要纽带，缅怀先人、教育族人、凝聚人心，起到一种宣教的作用。在南昌农村，几乎村村都有祠堂，并且至今香火鼎盛。新庄村的祠堂为南北三进院落，山墙高耸，做徽派建筑典型的封火墙形式。门口矗立着两座石狮，进门额枋上有"槐里风徽"四字，"槐里"指东汉的槐里侯万脩，后代万氏宗族多以"槐里世家"自称。石门则刻有"新庄食堂"四字，系祠堂在"大跃进"

时期改为食堂的缘故。祠堂东西与民宅相接，且有门连通周边民宅的内院。祠堂最深处设置神龛，摆放"天地君亲师"的牌位。祠堂因为年久失修已非常破败，但是与祠堂相关的风俗活动还是照常举行。平时，出嫁或出殡要在祠堂告拜祖先；大年三十，人们往往在此燃烧树根，寓意"薪火相传"；大年初二，村里要在祠堂举行上谱仪式，添丁进口的家庭会买来高香和蜡烛在此燃烧，鞭炮要从祠堂的大门一直燃放到最里面，并且人们会通过蜡烛的大小，比拼家庭的实力和风头。当地人认为，蜡烛高，燃得久，寓意这个家庭将来兴旺发达，子孙福气延绵。今年堂哥家的小儿子上谱，在浙江做生意的堂哥请自己的父亲打点上谱相关事宜，称："钱不用管，蜡烛我就要最大的，不是最大的我不开心！"于是，今年他如愿以偿得到了最靠近牌位的核心位置，点了最高的蜡烛。祭祀完后，村里有学问的老者会聚集到保管族谱的家庭，商议族谱中的命名和信息，由书法较好的人抄录在草谱里，以后再转誊到印刷本里。如果生了儿子，人们会称作"红顶"，期望该子将来能够升官发财。而类似考学、做官等功名成就也都会记录在册。通过这样一系列的活动，家族的发展和演变就被记录和保存下来，人们期望血脉代代相传，万氏家族兴旺发达。我走访的另一个村落——金山村，是万氏四房和六房的合聚地，规模较大，建有两处祠堂，大门均作"八"字形。其中一座老祠堂保存较好，二进院落，穿斗式木构架，结构轻巧；另一座祠堂已经重建，规模较小，现代的材料，小巧简约，尤其是祖堂门上的双鱼，模仿了太极，形象有趣。在大塘村我也见到了另一座翻新的祠堂，完全延续了传统祠堂的平面和风格，甚至用钢筋混凝土模仿传统的木结构形式，祠堂内挂满了匾额，除了传统的功能还兼做村民活动中心。

金山村的传统民居相对新庄村要多，处处可见精细的装饰。金山村规模较大的一座住宅，据当地人说是以前地主的院落，院墙高大。虽然已经废弃坍塌，从遗存仍可见住宅当年的精美。在入口石门上方我发现了祖堂里"双鱼"的出处。门楣上的文字被破坏，上面加了一个五角星，室内的彩画遭涂抹，木隔墙上还留有革命的标语，这些明显是"破四旧"的痕迹。虽然封建传统里存在一些桎梏人的糟粕，但传统的建筑装饰大多为祈福保平安，或用文字和彩画教导后世子孙做人的道理，这些道理充满了

图9 新庄村的祠堂和祭祀上谱活动

图10 金山村的祠堂

图11 金山村废弃的地主院落   图12 大塘村的新建祠堂

儒家的智慧，摒恶扬善。社会转型太快，就像乡村住宅变迁一样，现代的基因尚未完全发育成熟，而某些几千年沉淀的优秀传统却已被我们抛弃。

在新庄村，大年三十家家要"吊祖"，而且必须是家里的男丁去，清明同样如此。从来没有女儿上坟，出嫁和未出嫁的都一样。把女儿排除在外的结果就是，如果家里没有儿子，今后坟头冷清，"过年过节连个上坟的人都没有"。由于封建思想遗留和农村土地分配政策的影响，家家必须生儿子，没有儿子就没有面子，也没有势力，从而导致了当地很多家庭超生。老公家有姊弟3人，都是上世纪80年代出生的。那是中国计划生育政策最严厉的时代。在城市，国家将计划生育奖惩政策直接与工作挂钩，80年代出生的城里孩子大多是独生子女，是"最孤独的一代"。但是在当时的江西农村，即使政策再严厉，冒着各种被处罚的危险也要超生，直至生出儿子为止。并且，认为只有"养儿才能防老"的农村人，儿子自然越多越好。随着计划生育政策逐步放宽，重男轻女的思想观念在农村没有消亡甚至有了更加抬头的趋势。老公家对门邻居家的女儿，已经生了一儿两女，去年又怀了第四胎，就是为了再"追"一个儿子。当然，少生的可以精养，多生的可以粗养，当地人不愁养不起孩子。如果孩子没有学习的热情和天赋，九年制义务教育完成后，父母就可以不再提供继续读书的机会，十几岁的孩子就能出去打工，成为家里新的劳动力。过年的饭桌上，一个表哥在介绍自己两个儿子时就说，"孩子初中毕业，书已经读完了"。

随着农民外出务工成为常态，种地也不再是新庄村农民的主要经济来源，大多数人选择进城打工。另外，村上有两个砖厂，分别位于村子最南端和最北端，在家的农民也有部分去砖厂打工。平时，村上人烟稀少，老人看家，孩子留守。打工赚的钱要给家里盖上楼房，这是必须要的面子，条件好的在镇上也买了房子。这里农村存在一种悖论：父母认为外出打工是为了让孩子获得更好的生活条件、可以有条件养育更多孩子，但对读书的投资、对孩子素质的培养似乎远不及盖一栋房子充门面来得有效。当然，这些人里也有例外，比如我的公公和婆婆。在新屋场，只有一栋房子是平房，就是他们家。但是当地80年代出生的孩子中，只有三个考上了大学，其中两个就是我的老公和他弟弟，并且他们是目前村里仅有的研究生。但公婆也认为，"没有盖楼房就没面子"。老公的姐姐，初中没读完就出去打工了。虽然家里人都说姐姐不愿读书，但在当地那种传统思想影响下，女孩在学业上本就没被寄予厚望，大了找个好婆家才是最普遍的选择，也许姐姐只是潜意识顺从了大流。新庄村如今也不断有男孩考上大学，却没有一个女孩上大学。姐姐在婆家为了生儿子也备受折磨。第一胎生了个女儿，婆家极其不满，经常恶语相向，直到她五年后生下了一对龙凤胎，给他们家所谓的"九代单传"续上了香火，家庭矛盾才有所缓和。

农村在凋敝吗？传统文化的保留使得新庄村活力尚存。婆婆说，不管再忙，清明节那天，所有外出务工的人都会回乡祭祖。即使村民城市化了，祖先和土地仍是割舍不了的牵挂。但传统文化里的一些糟粕至今仍桎梏人心，农村女性的地位还有待提高，希望未来国家在农村政策制定方面向女性倾斜，真正让农村实现男女平等。新庄村的未来如何发展？村主任告诉我，由于新庄村靠近昌北机场，这片区域已经纳入规划，将来新庄村会腾地搬迁，乡村生活将彻底现代化。现在村里的建房活动都已经被严格限制，所以，公婆的房子是注定盖不起来了。

武汉原住民的就地"回乡"记

余泽阳（2014 级博士）

作为武汉的原住民，对于这座城市的生活、衣食住行的些许变化还是有点感受。虽然读过几篇回乡记这种类似于社会调研形式的日志，总体觉得它们基本上都充满着对儿时生活价值的肯定，继而质疑家乡的现状及当下问题。这些文章中大多数作者有个共性，工作和学习的地方并不是自己的家乡，而和这些写回乡记的作者处境不同，笔者是个土生土长的"武汉伢"，生于斯长于斯，至今已三十年，其间因工作及求学原因曾短暂离汉三年，以后再不曾离开。谈不上是老武汉，也算是个原住民。就地"回乡"，谈谈我的"回乡记"。

图 1 武汉三镇

"回乡记"之所以打引号是因为我不曾离开，也就谈不上归来。这里只是将我对这座城市生活的一点感受絮叨絮叨。武汉又被称为"江城"，被长江、汉水分为三镇：汉口、汉阳和武昌。在早些年前，社会中流传着这样一个略带地域偏见色彩，又有些调侃的说法：汉口的瞧不起武昌的，武昌的看不上汉阳。这种略带时代烙印的说法也许并不准确，却基本符合我儿时的认知。10岁之前，我一直生活在汉口江边的黄陂街，儿时印象中一直觉得武昌是很遥远的地方，因为除了游黄鹤楼的缘故去过武昌两次，再无其他印象。汉阳则更加陌生，只因小学春游去动物园而到过汉阳一次。汉口对那时的我来说就代表着整个武汉。我想这跟武汉地域辽阔以及当时交通设施薄弱，信息沟通欠缺不无关系。即使是近年，在地铁2号线建好之前，不也有些人调侃说汉口的大学学生和武昌的大学学生谈恋爱是异地恋嘛。

那时除了上学，自己平时的活动范围便是黄陂街和民生路交界口方圆一公里内（自愧体力不济，加上往返距离，估摸自己只能跑这么远）。印象最深的便是每到暑假就和小伙伴们赤膊在民生路上嬉戏打闹，那时候近四车道宽度的民生路对于我来说已是很宽了，两旁都是参天的梧桐大树，无须为炙热的阳光困扰，机动车也少，马路自然成为我们嬉戏的场所。除此之外，17号码头，海员文化宫也是经常溜达的地方。在海员文化宫，我学会了骑自行车。在17号码头我看到别人在江里学会了游泳（惭愧自己到现在还是个"旱鸭子"）。渴了买个冰袋喝，馋了买点"牙膏"巧克力、无花果、拉丝糖，倒也优哉游哉。价格基本都在一毛钱左右，但对于儿时的我来说也算是一笔不小的开支了。

衣食住行方面：衣着方面我向来不讲究，对这块也就不曾有太多回忆。吃的这方面，我可以说算是幸运的，住在一个美食扎堆的地方，民生路上松竹梅的煎包、云吞，川味香的鱼香肉丝。黄陂街上的陈记杂酱面、老五烧烤，花楼街的糊汤粉（店名已记不清）。中山大道上四季美的汤包，六渡桥德华楼的北方水饺都是儿时记忆中美味的代名词。其中陈记杂酱面、老五烧烤现在已是遍布武汉三镇，但味道却已不如从前。其他几个则是倒的倒，拆的拆，散的散，早已没有当日的荣光。住的方

图 2　童年的零食

面，黄陂街的一层自建民房，沿东西向建，朝向并不太好。没有卫生间，没有厨房，做饭用煤炭炉子，上厕所得去几百米外的公共厕所。整个房子可以说是冬冷夏热，冬天生个炉子倒也好过，夏天尤其是晚上的热浪则让人难以入眠，摆在街边的竹床便成为夏夜助眠的最佳工具，一把蒲扇，一瓶花露水，一席竹床仿佛是那个年代夏夜的标配。这样的生活环境当时习惯了倒也觉着没什么不便，现在想想也是感慨良多。主要的交通工具除了腿，自行车之外就是麻木（人力三轮车），麻木三块钱起步，三块钱基本能从黄陂街口坐到工艺大楼至民众乐园之间的区域。现在回想起来在那个年代这个价格不算低了。

　　小学四年级的时候，随父母搬至武昌傅家坡居住。对于当时的我来说内心绝对是抗拒的，陌生的环境，陌生的人，一辈子（对于 10 岁的我）就去过几回的地方，现在乃至今后就是自己的家了，一下子还真有些不适应。那时候的傅家坡长途汽车站还没现在这么繁忙，在梅苑路边上还有个规模不小的菜市场，到处都给人空旷的感觉，让我觉得有点像郊区。不过那时的武汉主城区也就是现在的内环区域，过了中南路往鲁巷方向还真没什么繁华的商业区。由于中南路附近没什么老房子，走在路上会觉得武昌的街道比汉口宽，也干净许多，建筑都很新，但总给人一种空旷感，内心不自觉地会有些排斥。现在想来也许就是建筑的尺度感吧，老汉口的街道宽度，建筑的尺度更让人感觉亲近。

图3　上世纪90年代武汉街头的竹床阵（《观城1978—2013——谢国安纪实摄影作品集》）

　　搬到武昌后，衣食住行方面就基本和现在生活无太大区别。衣服除了色彩变得更加单调，尺码变大外就再无其他变化。吃的方面相比在汉口时选择似乎更多了，但没有几个吃的能给我留下深刻印象。住的确实比原来好很多，这是毋庸置疑的。行的变化就更大了，公交线路的增多，地铁的开通，家庭汽车的普及，使我们的生活半径一下子扩大了数十倍。就如现在的我，往返盘龙城与光谷之间只需一个多小时，在过去是不能想象的（小时候从汉口去盘龙城那块扫墓都是坐火车）。

　　接下来的十几年都是在武昌居住，但时不时总会冒出想搬回汉口住的想法，难道这就是所谓的落叶归根？幸而之后认识的好友、同学都在武昌居住，自己也就淡然了。总的说来，作为一个在汉口居住十年，又在武昌居住十多年的武汉伢来说，两个地方给人的感觉确实不同。汉口给人一种生活的气息，接地气儿的那种。武昌则带有些书卷气，让人觉着舒服却总难以亲近。这可能有历史原因也有地域原因。汉口是近代才兴起的通商口岸，码头文化，市井文化盛行，全国各地的商贾汇于此地，带来了不同地域的文化习俗、饮食习惯，在这个大码头中锤炼、融合，最终成就了汉口的今天。而武昌则是历史悠久，文化底蕴深厚，三国时期孙权便在现今武昌蛇山处筑城。境内仅黄鹤楼一处，便留有历代文人墨客的足迹。至近现代，又聚集了一大批大专院校，使得其文化气息越发浓厚。说到这脑海里突然冒一对成语：阳春白雪，下里巴人。这两个词本身并无褒义贬义之分，正如汉口和武昌，不存在谁好谁坏，或许只是一些老武汉骨子里的那股江湖劲儿让他们觉得活在汉口更耍啦些（舒服）才会有汉口瞧不起武昌的说法吧。至于汉阳，我还真没什么发言权。因为没在那边生活过。但武汉三镇最近这两年论发展建设，汉阳绝对算是佼佼者，高架立交遍布汉阳主要街道，使其成为三镇中交通最为便利的一个区。归元片区的整体开发，四新片区的崛起，经济开发区的迅猛发展都让汉阳注定成为未来武汉发展的一个重要支点。

　　总的说来，对于武汉三镇的认知，随着我年龄的增长而越发深刻，而随着这座城市日新月异的发展，也使我越发热爱这座生我养我的城市。

一个三线建设基地家庭年俗的演变

胡辞（2015级硕士）

2016年的春节，我是在襄阳和父母一起过的。襄阳算是我的故乡之一，虽然我只在这个地方待过四年，但父母来到襄阳也有二十几年了。我小时候在重庆长大，到小学六年级随父母来到襄阳，初中毕业后在十堰念高中，然后到武汉上大学，去重庆工作，再回武汉工作……真有人问我故乡在哪里，我可能会说"这说来话长"；若有人问我有没有乡愁，我可能不知道到底该愁哪里。

我们家在襄阳汽车开发区，也就是之前东风公司的襄樊基地，离市区大约半小时车程。在我们家刚到这里的上世纪90年代初期，基地是一个相对封闭和独立的社会，

图1　东风公司襄阳基地南入口，图左为厂区，图右为生活区

图 2　东风公司襄阳基地总平面

由东风公司直接管理，和襄阳市区在经济、文化上有一定的区隔。基地内建有动力、铸造、汽车发动机、神龙汽车、轻型车等公司，还有全国为数不多的大型试车场，配套有医院、学校（从幼儿园到高中）、集贸、商场、住宅等，厂区和生活区分开规划，各自扩张。基地内的人们来自天南地北，有许多是从吉林长春一汽调过来的，也有从十堰总公司过来的，上海汽车公司过来的，还有我们家这样从其他地方过来的……也有本地占地招工来的，人们主要用普通话交流，本地人说襄阳话，大家也能听懂。

　　刚搬到基地头几年，我发现这里过年比平时冷清许多。节前各单位组织各种新春晚会表演，节目无外乎歌舞、相声之类，还有抽奖活动，大家自娱自乐，无不欢喜。

年前还熙熙攘攘的街道，真到过年时便看不到几个人——大家都各回各的老家，商店也关门了，留下的大多是本地人，但本地人也往往回襄阳市或周边老家与亲人团圆了。我们家之所以留下来过年，主要因为爸爸过年期间常常值班，回老家时间不太够。印象最深的是有一年老爸在大年三十值班，当时医院诊室还没有装电视，我和老妈冒着雪，把家里的电视机搬到医院，一起吃火锅看春晚，想来不禁莞尔。那时爸妈单位待遇不错，过年时总分发一些好吃的东西，都是天南地北运过来的新鲜吃食，作为一个吃货的我最喜欢。初八以后，各单位的人陆续恢复上班，第一天上班有团拜会，每个去上班的员工都会领到一个团拜红包，我经常耍赖抢走老爸的红包。

基地比较热闹的时候是正月十五元宵节。大游行表演的节目安排在元宵节下午，内容丰富多彩，经典项目有踩高跷、扭秧歌、舞龙舞狮、大鼓表演等。沿途会撒些小礼物，如气球、糖、小玩偶等，吸引人们过来围观。事实上，每到这一天下午，基本上基地所有的人都出动了，或者参加大游行表演，或者在路旁观看节目，热闹非凡。

图 3　试车场鸟瞰

图 4　舞龙

　　元宵节晚上有灯会，人们到街上看灯，猜灯谜；重头戏是放烟花，在空旷的广场上，拉出警戒区，围观群众被拦在外，几百发礼炮陆续响起，颜色形态各异，非常壮观，持续一个多小时。我上高中后就没在基地过元宵节了，元宵节大游行后来也取消了，不过听说晚上的灯会和烟火很热闹。

图 5　大年初三的街道

如今在基地过年比以往确有不少变化。年前各单位的晚会表演一如既往，花样越来越多，抽奖也改微信摇一摇，或者扫码之类，与时俱进。在基地过年的人也越来越多，很多家庭长辈从老家过来陪儿女过年，不少以前的中青年也变成了中老年，儿女们都回基地来过年。也有不少襄阳市和周边的人们来

图6 放孔明灯

基地做生意，过年也不打烊，商铺张灯结彩，倒是比以前多了些年味。但是今年整个襄阳市区和开发区都禁鞭炮，鞭炮烟花等买不到，过年期间也一直有禁放鞭炮的警车巡逻。所以这个年过得很安静、环保，与以往的氛围有所不同。元宵节晚上的灯会和烟火也没有了，大家都出来放孔明灯，熙熙攘攘的人群，漫天飘舞的孔明灯，成为元宵节的一道新夜景。

人气最旺的地方是集贸市场附近的一间大超市"好邻居"，去年才装修升级，货品丰富，过了小年就天天人满为患，直到春节超市歇业三天，初三开张时人又多起来。据说这一间好邻居超市某年的营业额与襄阳市当时所有的好邻居超市基本相当，十分了得。现在从基地到襄阳市越来越方便，公交车有五六条线，出租车也多，而我现在过年回家也常去襄阳市，看电影吃饭逛街，或者和朋友们去看襄阳古城墙、钟鼓楼、老街等，非常方便。

我们家每年在腊月二十六吃年饭，妈妈会准备一桌子酒菜，有整鸡整鱼，还有扣肉、酥肉、卤菜等传统年菜，以及各色蔬果，先点香烛，祭祀祖先，然后开始祝酒吃饭。除夕的晚餐是韭菜饺子加鸡汤，按南方风俗，之前我们家过年是不吃饺子的，来到这里也乡随俗。晚餐后，家人一起出去给祖先烧纸钱。初一早上按例做元宵，寓意来年顺利甜蜜，一滚就过。吃过早饭，我们全家一般都会去附近寺庙祭拜祈福。初三的时候，我常会请家人出去吃饭看电影，今年我们给爸妈做了一顿番茄黄鱼火锅，

图 7　好邻居超市

图 8　除夕夜吃饺子　　　　图 9　初一早上做元宵　图 10　做给父母吃的小
　　　　　　　　　　　　　　　　　　　　　　　　　　　　　火锅

虽看相不美，味道却还不错，大家边吃边聊，气氛热烈。

　　都说现在年味越来越淡了，过年和平时也没太多区别，我也觉得自己确实更喜欢以前过年的氛围，能够吃到平常吃不到的东西，见到平常见不到的美景，参加平常没有的活动。时代在变，年俗在变，我们也在改变，变化中有一些习惯慢慢沉淀下来，成为每年过年的固定节目，循环往复，这就是传统。我珍惜这些固定下来的节目，它们带给我安定感、幸福感与家庭的温暖，让我对未来有所期许，给我继续向前的动力。如果没有了这些，年将不"年"。

　　终于发现我到底还是有乡愁的。新的一年又开始了，带着淡淡的乡愁，浓浓的乡情，我踏上了新的旅途。

"围城"之惑

聂非（2015 级硕士）

　　我的家乡在宁夏回族自治区东部盐池县，对它的记忆全部来自儿时。离乡七八年后的初次返乡，县城的面貌已完全陌生，县城的剧变让我不得不惊讶于城镇化的力量。印象中的老家现已不存，转而被一个大尺度的广场所替代。我站在空落落的广场之上，竟到了无法辨别老家到底曾坐落何处，不禁唏嘘。

　　盐池县最值得让我留恋的地方除了已被拆除的老家以外，就数距今 500 多年保留下的盐池土城墙了。盐池县的古城墙始建于 1443 年（明正统八年），古老的土城墙也曾流传下来各种各样的故事，最有趣的当数这个土城墙"养活"了不少人家。听老人们讲，那个时代的老百姓建房都靠"拆城墙"，城墙的巨型条砖均被拆下用作建房，确实解了不少人的燃眉之急。当然，拆了城墙砖的城墙也就仅留下孤零零的夯土墙了，在儿时这里却带给我无限的欢乐，每一次的登高望远都是一次勇敢的冒险。保存较为完整的土城墙位于当时的盐池县烈士陵园内，十几米高的城墙，胆小的我每次攀登都小心翼翼，而大人们却可以每日清晨稀松平常地登上城墙进行晨练，也着实令我好生羡慕。那时城墙边的烈士陵园，伴随着各种版本的鬼神传说，还有陵园内的烈士墓碑、文化石碑、雕刻的石兽等，组成了一系列丰富的体验，即便是儿时还什么都不懂的我，也能深深感受到它独特的环境氛围。而今烈士陵园已迁至新址，原来的陵园也改为老年人活动中心，各种历史遗存和老物件已荡然无存。

图1　巨大广场替代了原来的住房，"老家"已全然不知踪迹

　　而今，站在修葺一新的城墙之上，城墙已显得不再那么高耸神秘，踏在坚实的由砖铺设的城墙之上，也不再觉得这是任何的冒险。城墙由于采用砖墙修葺，宽度增加一倍有余，站在下面看城墙，顿觉尺度巨大无比，也雄伟壮观了许多。原有的土城墙高度不一，错落有致，犹如园林中的假山，有着咫尺山林的意味。而新的城墙整齐划一，统一的高度与巨大墙身严重削弱了周边的尺度。就如我提到的烈士陵园，在巨大城墙的承托下，陵园的尺度被严重压缩，以至我不得不多次询问同行的弟弟这是否就是原来的陵园。在城墙上行走我也观察到一些细节，例如，先期建设的城墙采用普通二四砖墙修建，地面采用一般石材铺设，而后期的城墙建设却采用大尺度条砖，似也在"沿

图2　新建大尺度的城墙，四周顿感封闭压抑

图3　排水沟施工工艺之异同

图4　设计的玻璃展示窗，展示的却是混凝土材料

用"原来城墙条砖的材料和样式。城墙排水沟的设计也有着同样的改变。这一切都证明这项巨大工程的实施，伴随着不断的改变，也不难想象实施过程中碰到的一系列困难。

在广场上我曾欣喜地发现城墙的铺地中有一块一米见方的玻璃展示，然而令人遗憾的是内部展示的却是混凝土！真正的土城墙已被这厚厚的混凝土覆盖。设计的出发点或许是好的，但是在执行过程中却面临种种问题。除去这些，我还是比较欣慰地发现新的城墙很好延续了公共空间的作用。城墙易于攀登，总能看到些锻炼的人，来城墙玩耍的孩童，一些爱好摄影的人，还有一些散步的情侣。

  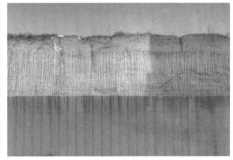

图5　城墙垛中窥新城　图6　雪中留下的大量脚印　　　图7　仍待修葺的土城墙

图 8　宏伟的城墙与萧条的城内景象　　　　　　　图 9　杂草丛生的土城墙

城墙的修葺让我看到了政府保护文化遗产的决心，但同时也深刻感受到实施过程中的种种困惑。倘若留存土城墙，任其风吹雨打，杂草丛生，风化后的结果它终将不复存在。倘若如现在这般修葺一新，真正的土城墙也会"消失"，留下的仅仅只是一个记忆。对比宏伟的城墙与城内的"空旷"，可想而知，政府的首选仍是以"纪念性""宏伟"等大尺度的设计来凸显历史和建设成果。这样的形象工程免不了遮蔽城墙本应有的面目，这样的行为深层次显示出的是对本土文化的不自信。面对文物建筑等文化遗产就一定不接受"破败"的景象，一定要恢复其盛壮之时鼎盛时的景象。城墙修复其实并不必像这样大动干戈，局部维护，小段复原修建，土墙展示部分实事求是等一系列小措施小设计均可解决上述矛盾。大拆大建功过是非暂且不论，可是现在连社区都准备开放了，还需建立"围城"吗？

爸爸的"家乡"抑或奶奶的家乡

周缨子（2015 级硕士）

一直在城市中长大的我没有一点乡村记忆，偶尔接触乡村也只是因为需要和爸爸回老家看奶奶。爸爸说那是他的家乡，但是现在也不再住在那里，所以爸爸的家乡变成了奶奶的家乡。也许等到奶奶百年之后我也不会再回到这个"家乡"了吧。奶奶与姑妈姑爹一起住在村里，而姐姐则与姐夫和小孩住在城里，只是偶尔回村里看望一下父母。今年听爸爸说姑妈家进行了改造装修，于是前往姑妈与奶奶的"新"家看看。

之前姑妈的家中功能布局如图 1。进入大门后便是客厅，客厅左右两边各有两间房，分别是姑妈姑爹、奶奶、姐姐姐夫的卧室和一个小起居室。天冷时姑爹会在小起居室中放一个炭火盆取暖。步入后院走廊，右边是厨房及储藏间。厨房仅有一个很小的窗采光，即使白天室内也非常昏暗。后方是牲畜区和堆放一些饲料的储藏室。靠近后门有一个供鸡群晚上休息的房间。厕所在外面，对于半夜可能需要起夜的老人十分不便。

今年寒假我回去时发现，姑妈的"新"家重新装修以后不仅更加敞亮，而且某些房间的功能也有了变化（图 2）。原来的小起居室变成了一间卧室，因为侄女长大了，不再适合与她的父母一起睡觉，所以姑妈另外腾出一个房间作为卧室。走廊左边的小储物间，摇身一变成了厕所和淋浴间。他们晚上也不用再到室外去上厕所，特别是奶奶年纪大了，室内卫生间提供了许多便利。原来采光不佳的厨房换了一个大的窗后变

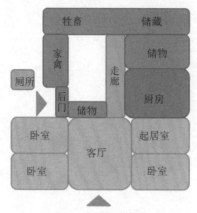 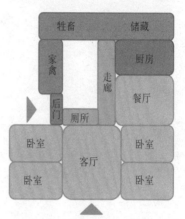

图 1　姑妈家的布局　　　　　　图 2　姑妈家装修后的布局

得明亮，只是功能从厨房变成了餐厅和起居室，厨房功能则转移到原来的储物间。灶台也重新砌了光洁的瓷砖，厨房整体大方干净，与原来昏暗油腻的情形相比不知道好了多少。由于养的一头母猪已怀孕，所以今年姑妈姑爹也变得格外忙碌。

　　虽然姑妈家的内部环境进行了装修和改变，但是室外环境还是老样子，并没有变化。不仅是姑妈家，我所观察到的村里其他人家也对住宅的室外环境并不关注。许多户房子装修很漂亮，但大门外的空地仍是光秃秃的。有政府投入的基础设施，如村村通公路，以往泥泞的乡间小路也变成了平坦的水泥路，总的环境越来越好，也由衷地希望爸爸的"家乡"或说是奶奶的家乡越来越好。

模糊的小镇

万涛（2014级硕士生）

我的家乡是一个深山小镇，两片东西向蔓延的山体之间形成天然峡谷，其间一条河流自西向东流淌，小镇的布局沿河流顺流而下，形成狭长的带形轮廓。河流以北为老城区，住房集中、街市林立，拥有良好的基础设施；河流以南为大片耕地及零散住屋，居者多为菜农，方便"就地取材"。约五六年前，新上任的书记提出"滨河新区"计划——沿河设立景观廊道、公共绿地、居民文化休闲娱乐设施等，位于河谷腹地的耕地全部征收，用以新建楼盘、商业街以及一条八车道的过境公路，集全镇之力打造新城。强大的行政力量势如破竹，不到几年时间，楼盘拔地而起，街道纵横，沿河玉石雕栏，一河两城格局就此形成：河的北面是老城，呈现古朴、杂乱、陈旧的面貌，河的南面俨然一座新城，一派生机勃勃、整装待发的气象，城市形态初见端倪。镇上的居民乐于看见如此改变，他们觉得其居住地正越来越靠近大山外的城市形象，仿佛一下拉近了同外面世界的距离。

然而我们撇去周围的大山来审视剩下的小镇，我的家乡似乎正变得陌生和异样，到处是楼盘、工地、工程塔吊和卖房广告。以前小河的自然驳岸变成了精心雕砌又宽阔的观景水面，阡陌田园变成了硬质铺地广场，房子越来越高，数量越来越多，道路越来越宽，来往车辆如梭，本在家里就可以极目远眺的视野也早已被四周的房子遮挡一净。回家乡，原来是来到了另一座城，一模一样的城市，华夏大地上任何角落的一

图 1　小镇保障房建设

座城市。家乡消失了，不再是那个亲切和蔼温柔的小镇，也不再是那个可以纵情玩耍奔跑的游乐地。蔓延的城镇化正在更新这片土地上的一切，包括一切以往存在的记忆。现代城市的一切标志物来到这里，强行扎根生长，开始编织属于他们的时代。它的脚步似乎无可阻挡，但是能否更慢一点、更温情一点，等等这里的人和这里的乡愁。

图 2　小镇一角

　　回到最初，当飞机平稳降落在机场跑道上，看着窗外群峰鹤立，我脑海中突然闪出一个念想：生活在这里的人们，曾受困于山高路远，多数在跟我一样的年纪时连汽车都没见过，更别提火车轮船。三十年后的我，居然可以坐着飞机不远万里飞回家乡，一代人生活的巨变如同脚下的飞机场一样，充满了梦幻和奇迹的色彩。城镇化正以巨大的力量撼动着这片沉寂的大地。

南方小镇上的房地产

刘袁芳（2014级硕士）

    我的老家是一个小镇——湖南省益阳市桃江县灰山港镇，那是个不大的镇子。腊月二十六，在外求学的我回家过年。傍晚乘坐省际班车慢慢驶入家所在的小镇（图1），远远看见镇上多了许多新房子，可房子上一排排的窗洞空落落的。汽车进了镇子后，我才发现这满是窗洞的大楼长满了大部分街道。

图1　远眺家乡小镇

图2 桃江路上私人建造的房子　　　　　　　图3 镇上正在新建的房子

　　并没多想的我兴高采烈就回家了，跟家人各种寒暄时聊到了小镇房地产的话题。家人们说："随着时代的发展，镇上私家车越来越多，道路越来越宽，房子越来越多。前几年的房地产迅速发展也让小镇的巨头们认识到这是个不错的赚钱机会，也因此迅速崛起了小镇的房地产开发，现在整个小镇的新建房子太多了，不仅新建的小区，还有各种私人建的房子，真不知道到时候怎么卖出去，你看那去桃江路上的私人房（图2），前年建的，到如今也才只住了几户人家，大部分空置在那，关键是现在周边还有人陆续建新房子（图3）。"

　　根据家人的说法，我对小镇区域内的新建房屋（图4）仔细观察过，发现小镇多了两个商品房小区和一个棚户住宅区，镇上每个入口周围都有许多小产权房，有的已经住人，有的还在建，然而这些房子基本上都呈现出相同的状况，就是空房子占据了大部分。而3个正规小区中，一个小区还没开盘，另两个小区已经开盘一年半以上。其中比较大的商住小区"东方财富"至今居住率基本上没有达到50%（图5），为了改善房屋销售状况，楼盘至今都在大幅度做广告宣传（图6）——"住宅首付5.8万起，日付35元，商铺首付2万，月供500元，包租3年"。不难看出，小区房子库存不小，销售状况并不怎么样，不然开发商也不会加大广告宣传力度。另一小区"紫荆尊城"（图7）在已售楼号中居住率在10%以下，而旁边还有4栋已经打好地基的待建

图 4　小镇新建房产示意图（不完全统计）

图 5　东方财富小区

楼房。小镇的棚户小区（图 8）还在建设中，其中已经建好了 8 栋，剩下待建的还有 2 栋。私人建的小产权房（图 9）更是随处可见。而从图 10 中可以看出，棚户改造小区的不远处就是另一小区——紫荆尊城，前面还有一栋私家建的小产权房，我想这应

图 6　东方财富小区售楼广告

图 7　紫荆尊城　　　　　　图 8　棚户改造小区

图 9　私人建的小产权房　　　　图 10　棚改小区后面就是紫荆
　　　　　　　　　　　　　　　　尊城和一栋私家建的小产权房

该是代表小镇房地产发展最经典的一张图片了。

随着经济增速减缓，家乡小镇房地产过剩的问题迅速暴露出来。小镇常住人口有12.8万，1所高中，2所初中，2所小学，3个正规住宅小区，N个自建住宅区，1个公园，基本上没什么外来人口，镇上原来房屋的发展基本上趋于合理、饱和的状态。现如今，镇上房价基本上为2500元/平方米，小产权房价约为1800元/平方米。尽管随着风俗习惯的改变，许多周围农村人口在镇上购置房产，且大多小夫妻结婚时女方会要求男方在镇上买一套新房子，然而这毕竟是少数。因为现在大部分人口都在往大城市发展、落地生根，极少有人愿意回家乡，而能回家乡的大部分很难在大城市扎根，且这部分人群收入有限，在老家有田有土地，不会每家每户来镇上购置一套房屋居住，而真正有钱的人家愿意在农村盖一栋别墅，每天开车上班，享受休闲的大自然环境，这一情况也分流了部分购买人口。

巨大的变化让人们的生活质量有所提高，然而回家后到处都是空空的大楼让人看了忍不住感叹——那么多房真的有人买吗？

表姐的婚礼

刘雅君（2014 级硕士生）

　　春节回老家，主要是参加表姐的婚礼。农村现今主要还是在家里办酒席，也是为了图个热闹。表姐家是那种典型的两层楼房（自带后院），舅妈为了扩充场地，把屋前临路的场地收拾了一下也作为摆酒的场地。场地的局限使得酒席空间略显局限，而且也占用了中间道路的空间。乡村的房屋都会有前院或者后院，怎么利用这些空间，则明显看出一个家庭是否"爱收拾"，甚至有些品位，抑或是开展一些活动，这其实是一个比较专业的问题。

　　就婚礼习俗而言，以前读到介绍乡村天价婚姻的文章，还不以为然，这次经历后才深有感触。虽然现今乡村礼俗日渐式微，婚礼同样大受冲击，传统的"婚聘六礼"（纳彩、问名、纳吉、纳征、请期、亲迎）基本难以为继，但礼节规矩还是极其烦琐。男方去女方家提亲，彩礼钱都是 10 万～15 万元，而且还要配齐"五金"，这还不算男方家购买的婚房。据我妈说她们那个年代结婚，觉得拥有"五金"是件很了不起的事情，现在却是再普通不过的。由于表姐夫家在北京六环外已全款购买了一套 110 平方米的商品房，所以跟舅妈家商量彩礼钱可不可以少给一点，舅妈为了表姐在男方家也好为人处世，也没有多加为难，反倒还给了表姐丰厚的嫁妆，引起了一些亲朋好友的质疑。

　　迎亲当日，表姐凌晨 3 点就要去摄影店化新娘妆（由于当天结婚人多，只能排到

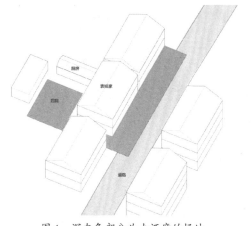

图1 深灰色部分为办酒席的场地　　　　　图2 鲜艳夸张的场地入口

凌晨3点了）。早上9点新郎就来娶亲，经过一系列"阻止"（如跪搓衣板、当众人求婚、发红包、找婚鞋等）方可见到新娘，然后给舅舅、舅妈磕头斟茶，大家都欢欢喜喜，但还是因为发红包一事引发了一些矛盾。这也正好反映了在观念上的差异以及对婚礼礼节规矩遵守的较真。

各种鲜艳夸张的充气式"构筑物"成为乡村婚礼等喜庆的典型场景。一方面感觉很乡土，另一方面又感觉很超现实。而老家中很多新风貌与新变化同样感觉很超现实，令人印象深刻。新修的房屋，随处可见的摩托车、家用轿车……在众多新风貌中可以看到拆掉的旧庙变成了小洋楼形式的寺庙，还有活动板房式的基督教堂……

舅妈屋后是一片很大的菜园。老家差不多每家都有一小块地供自家随意种植。外公外婆与舅舅舅妈同住，所以一般是外婆打理，种点应季蔬菜，外婆一般吃不完，会给各家送一点。记得小时候去菜地玩，每家的菜地都长得郁郁葱葱，池塘水质都很好，夏天还能摘到荷花莲蓬。今年我还特地去看了菜园，好多菜地都荒芜了，只有少许菜地种了蔬菜，而且池塘表面覆有很厚的绿色"水锈"。究其原因，可能现今农村生活水平提高，而且运输方便，大家都怕辛苦麻烦，宁愿花钱购买，也不愿去自己种植。这不禁想到如今美丽乡村建设常常策划农作物采摘等活动，这些让城里的家长和小孩

图3　小洋楼式寺庙

图4　活动板房式教堂

图5　外婆的菜地

图6　被污染的水塘

兴致盎然的活动却是很多乡民都不愿做的事情，这种错位不免令人唏嘘。

　　不可否认，乡村中确实存在一些问题，诸如陈旧的风俗、相对落后的交通、不尽如人意的居住环境等。让乡村变得更美丽不只是村门或墙上的标语。"打造现代理念设计、舒适人文民居"，然而村内环境却脏、乱、差。对建筑师而言，乡村建设并不是那些"高大上"项目，而是乡村服务。更多的需要考虑能否激活当地经济，能否真正改善老百姓生活。这次回家乡看到了家乡的变化更多是城镇化进程被向前推进所带来的"红利"，一种难说是美丽的"改善"。乡村建设需要引起更多关注，需要思路，而不仅是房子的问题，更有房子之间的问题、房子之外的问题。

姨妈为什么要千里迢迢去海南过年

彭雯霏（2014 级硕士生）

过年为什么不好好待在家里

我的老家是浙西南群山中的一个小县城，很多年来，就如其他县城一样发展着。小时候，家乡于我就是假期的代名词，每到假期，才跟随父母回老家，寒假的重点就是过年。在这个小县城过了一个又一个年，我和爸妈都加了一岁又一岁，而每年回去待的时间却越来越短，老家过年的仪式感也越来越弱了。

以往过年虽然也并不大操大办，但每年假期回老家看见亲戚们，都能看出那段时间的他们，是把"过年"当作这期间最重要的事来做的。置办年货，打扫卫生，提早好多天开始准备的年饭、除夕夜的焰火……每个人都对这些仪式性的事情抱有非常大的热情。而不知从什么时候开始，大家对这些事情的热情也渐渐淡去，过年期间人们也被其他事情占据，"过年"再也不是这段时间里他们最重要的事了。

姨妈一家一直是我亲戚中对过年最热情的一家人，从他们每年自己家做的年夜饭分量和除夕夜放的烟火数量就可以看出，以至于现在大家都不再有热情自己做够一大家子聚在一起吃的年饭了，也是她组织家里人一起吃了年夜饭——在酒店里。今年我就在老家待了三天，吃完酒店里的年夜饭后过了一天，也就是大年初二，我就随姨妈一家出发去了海口。

姨妈为什么要去海口过年

"海岛度假"想来是对生活在内陆和群山之中的人们有着巨大吸引力，从前赴后继在岛上置业的东三省朋友那里就可以看出。然而姨妈一家作为生活在离海直线距离大概 100 公里的县城居民，也头脑一热在岛上买了所谓海景房。

姨妈对买房这件事向来是"头脑一热"，或者说姨妈对投资房地产向来有非常大的热情，但这套集养老地产、旅游地产、养生地产多种噱头于一体的房子，显然不是她投资成功的案例。开盘价接近 3 万元买入，现在我在二手房网站看到的价格基本上如下：3 室 2 厅 2 卫（套内面积 130m²）的房子售价 95 万（6834 元 /m²）。首付 29 万元，月供约 4822 元。

买这套房子到底本就是自己住还是希望通过炒股炒成股东已不可考，反正姨妈本人现在一口咬定这是自己住的房，房价就不用在意啦。于是，在日渐淡薄的过年气氛和无法脱手的度假房两重因素下，作为亲戚中过年活动主心骨、在县城过了一辈子年的这一家人，今年决定——年初一一大早出发去海南。

过年期间到底是怎么去的海南

以往去海口基本都是驱车到最近的温州机场乘机前往。而过年期间因为全国人民对热带海岛的热爱，去海口的机票价格都是全价，特别是假期结束那段时间海口飞往各地的机票基本上在年前都已售空，只剩头等舱机票。姨妈一家算了半天，还是决定直接开车去。一车五人，过年高速又不收费，还能带上过年在家烧的各种菜，到了海口车还能派上大用场，想想好处实在太多。然而，抱着一路游山玩水心的他们，一路上也遭受了各种困难的考验。

车子开了整三天，在福建和广东各住了一晚。途中高速堵车、为找地方住宿半夜赶路，吃不好睡不好等各种困难在此也不再赘述，直观的体现就是——我五岁大的侄子听说回去还要开车，吓得哇哇哭了起来。等到千辛万苦开到位于广东省徐闻县海安港的渡口时，大家发现自己还是低估了全国人民对"去海南过年"的热情，一车人在渡口苦等六个多小时，硬生生排队到晚上。到达海口收拾好住下时，已经是半夜一点了。

外地人在海南过年是什么体验

姨妈家的房子在海口市区西边，面对这个小区主要的卖点——不算太蓝的海和绵延好几公里的沙滩。周边都是以旅游度假产业为主，还有高尔夫、游艇等听起来非常高端的娱乐活动。

距离市区有两个高尔夫球场距离——实际上它们之间的确隔着两个高尔夫球场。开车去市中心买个东西要二十分钟左右，住下来后姨妈家就兴致勃勃开车去找菜场买菜，怀抱着来海口吃海鲜大餐的愿望。到达菜场的我们是失望的，且不说过年期间菜场物价高得吓人——青菜基本上在十块钱左右一斤，各种海鲜价格也比老家还要高。而且这段时间菜场做生意的人很少，海鲜品种也不多。但是既然来了，我们还是花了大价钱置办了许多食材准备回家开伙，其中包括十几块钱两根的黄瓜和在老家花一半价格就能买到的各种海鲜。

我花了几天探索小区，了解与我们一起在这个小区过年的邻居的生活。从小区中挂着的各种横幅"欢迎业主回家过年"就可以看出，这里住的大多是所谓"候鸟"，过年期间理论上应该入住人数最多，然而入住率依然不高。我们住的 C3 楼里一共有80 套房，大多楼层依然没有灯光。跟物业的朋友打听，他们这栋有十几户人家过年在住。

在我们住的高层北面就是小区的别墅区，离海跟近，景观更好，住的人也更少，根据我每天在窗前观察的情况，能看到的房子基本上没有住户，也基本没有装修过的痕迹。

与冷清的楼栋形成对比的是每天小区附属温泉的热闹景象。小区的公共温泉每天下午 4 点到 9 点开放，小小的两个池子里泡满各地来的大爷大妈和他们的孙辈。这也成了邻居们交流的最好场所。

住户来自天南地北，我在池子里和来自天津塘沽的大爷聊过爆炸，和来自新疆的

图1　放眼望去无人居住的海景别墅

图2　小区位置——与市区完美隔着两个高尔夫球场

叔叔聊过边境安全，和来自山西的阿姨聊过雾霾，也偷听不知来自哪里的姐姐孜孜不倦地在跟她2岁左右的女儿说着英语。大家也还是兴致勃勃地讨论着哪个邻居又要卖房，互相介绍着问有没有人要接盘。

一个澡友大爷告诉我，隔壁同类型小区入住率比较高，800户人家有300户已经入住，还有100户左右在装修。其中有百分之二十的住户居然是本地人——根据出租车司机的说法，本地人不愿住在海边，海风"很咸"容易吹坏家里的东西。海南的有钱人更愿意住在河边。然而这也挡不住前两年整个西海岸建设高档小区和别墅如火如荼的场面。到现在，留下的是许多空房和烂尾楼。

最后……

正月十二，大雾。

当天，海口往全国所有地方正常机票基本售罄，部分地方头等舱也售罄，我的阿姨看着吹了两天海风依然没干的床单心里很累。但还是只能踏上归途。

当天因大雾轮渡停摆到下午3点，我的阿姨花了1000块钱请海口本地司机帮我们插队过渡，又等了6个小时后，终于登上了回程的渡船。

守 城 记

高亦卓（2015级硕士）

　　每到春节，各式交通工具载着人们回归故乡。人口大迁徙使得平日喧嚣的城市随着返乡的步伐，突然安静下来。依然留在城市的我们看着返乡浪潮也开始惊讶：道路空旷、公共交通冷清、小型商铺歇业、大型商场缩短营业时间。城市变得舒缓又安静，资源显得奢侈又浪费。黑压压的人头不见了，取而代之的是裸露的柏油马路，每每走过家附近双向八车道马路都不禁想坐在中央，感受得之不易的空旷。

　　全家都已扎根城市，使得我从未有机会亲眼见到农村过年场景。被标准化的城市使得我每年都在夹缝中寻求"年味"：春联缩头缩脚挤在两个防盗门间，"福"字还需时刻提防遮挡了"猫眼"，门神早已没有驻扎的位置。源于农业社会产物的春节习俗，俗随时变。社会的工业化信息化发展，传统习俗产生的思想和物质基础也剧烈变化。信息化的发展从社交软件拜年到新兴微信抢红包再到今年的"敬业福"，似乎每一小步技术更新都对传统习俗带来冲击。虽然我家依然保留北方包饺子过年的习俗，但也慢慢变为对传统仪式的应付，吃完年夜饭开始将春晚开为背景音，长辈看着小辈都抱着手机表示无法理解新潮的过节方式。一切资源及情感的平日触手可及使得春节本身的意义变得廉价，再加上符合快速发展的仪式感行为及场所在城市中的缺失，即使面对现代城市丰富的资源，人们还是感觉春节味道的稀薄和空洞。

　　各大城市的"空城计"对比平日宁静的农村迎来难得一见的喧嚣，罕见量大效率

图1 平时车水马龙的主干道，春节期间难得清净 　图2 人潮散去的商业街，重新审视建筑体量

高的"逆城市化"也凸显了城市与农村户籍人口与常住人口不均衡的"半城市化"。真正"人的城市化"严重滞后正是导致年年春节短暂"逆城市化"的原因之一。然而现今城市的发展仍为满足虚假城市化的指标而建设。当流动人口大量撤离后，城市所有公共设施尺度和城市角色变得出离庞大且空洞。然而驱使人们返乡同时维系城市文明和农村文明的重要纽带即是中国人割舍不断的"乡土情结"和以家庭、亲友和地缘为核心一层一层向外扩散的"乡土文化"。抽离了乡土情愫的城市随之带走了特异性传统文化。随着世界经济全球化，城市越来越多连锁店取代独具地方特色的商铺，标准化的配置犹如工厂统一流水线下的产物安置在城市的角落。熙熙攘攘的人群散去，更能单纯的以城市尺度考量建筑。而它们突然孤立在那里，和漆黑的高层住宅一同淹没在水泥森林中，变得冰冷而陌生。

春节假期末尾的铃声一响，城市化的迁徙又即将开始。城市空间慢慢被一车一车的人群填补，恢复了原有的熙熙攘攘，城市尺度也被撑涨得近乎合理。夜晚的灯亮了，人们急匆匆穿过马路走进一个个灯火通明的商场和办公大楼。城市短暂的喘息结束，预示着乡村瞬间平静，开始了漫长等待下一个春节的到来。

春城无处不飞花

刘震宇（2015级硕士）

琦君曾这样深情地说过："像树木花草一样，谁能没有一个根呢？我若能忘掉故乡，忘掉童年，我宁愿搁下笔，此生永不再写。"乡愁是一种情结，是我们每个人此生都无法割舍的。

年关将至，第 N 次告别武汉，踏上返乡昆明的旅程。因为涉及春运的拥挤以及长途列车的奔波，每年寒假都会提前买好打折机票，2 小时就可以到家，而火车往往需要 26 ~ 30 个小时。因此若非有一起同行归乡的伙伴以及充裕的时间，大多数时候都会选择飞机作为交通工具。看着窗外的云海，很难与下面的雨雪天气相联系起来，彩云的尽头就到云南了。

虽然不时受到冷空气影响，但昆明依旧不负春城盛名，说昆明的冬天走了，不如说它的春天未曾离去。二月的昆明已经无处不飞花，人们纷纷走出家门享受着这个城市的暖阳。

大多数时候，城市里的家庭亲戚人际关系要靠老一辈来维持组织，家里的儿女纷纷在城里扎根落户后，大家就再也不会和从前那样在一个四合院里生活了，所以逢年过节还是得多依靠老一辈的爷爷奶奶来张罗聚会。随着家里老一辈人甚至父辈的人渐渐离开，从

图 1　穿越云层

图2　春城昆明，人们纷纷走出家门享受暖阳

前在村子里很大一家人聚齐团聚的日子就更少了。

我们家就属于这样的情况。从小在昆明城长大，除了小时候几次与奶奶去昆明周边村子过年（现在已是城中村），几乎都是在家与家人一起吃年夜饭、看春晚或者下楼与同小区的小伙伴放烟花爆竹。身边大多数亲戚的家庭都会选择以自家为单位来过年，年后关系密切一些的亲戚才会有往来，比亲戚来往更多的是朋友。

所以不知从何时起，我们就常常与朋友一起带上家人，来一次说走就走的"出游过年"，今年春节我们便是在滇川交界的泸沽湖度过。

时隔十多年第二次拜访泸沽湖，借此契机也对一直好奇的摩梭人与"东方女儿国"

图3　泸沽湖畔

图4　在民居前留影

图 5　泸沽湖畔

进行了一番小小的探索与新年走访。摩梭人目前仍沿袭着母系制度，但走婚习俗已经极少了。现在大多数摩梭人都将房屋出租给来此经商的外地人，家里的"阿妈"说，现在钱赚多了，人们都各自经营自己的生活，十年前一起牵手跳篝火的过年习俗也已经很难再见……

　　沧海桑田，泸沽湖的美没有变，而泸沽湖畔的生活发生了巨变，摩梭的民族文化与传统正慢慢淡出视野，旅游业的发展吞没了许许多多女儿国生动的"故事情节"。同样，时代的变迁、人们思想观念的转变、生活水平的提高都使得我们在向前进步的同时开始慢慢丢弃"传统"，或者说创造"新质"。

　　且看当下很多"80后"过年列出的"九大怕"（怕春运、怕催婚、怕亲戚邻居问工资、怕送礼、怕侄子和外甥、怕同学聚会没面子、怕提到自己的年龄……），以及很多"80后"对现在过年态度的转变，观念上已与老一辈有异，类似"出游过年""影院过年""压马路过年"的过年新形式层出不穷，不知再过几年到以独生子女居多的90后时代时会过怎样的"未来年"？同样的人不同的过年形式，让我们拭目以待。

"过客"眼中的"家乡"

尚筱婷（2015 级硕士）

"故乡"一词的含义为出生或长期居住过的地方，是文学上的一种表达。而在生活中，我们结识朋友或和陌生人寒暄时，大多会问及"您老家是哪里的"，来增进相互间的了解。老家自然指的是"旧家、旧乡"，可是对于我来说，老家仅仅是我父母生活过的地方，是每年才会回去几天的地方，这使得我每每回去，都更像一个过客，用一种接近旁观者的角度观察着家乡的种种。

我的老家位于河南省商丘市永城市，地处中原。不同于南方村庄的传统和宗族结构，中原地区的农村分布较为分散，多为带状布置在乡村道路边，因而入村道路也等同于入户道路。还记得小时候每次回老家印象最深的便是在沟壑纵横的土路上颠簸，有时赶上雨天还出现过车轮陷在泥中的情形。直至今年，乡村道路才终于由原来的土路变成了水泥硬化道路，为出行带来极大便利。另外，随着生活水平提高，房屋建筑在材料及形式上也出现了一些变化，但新房子建造时，原有的老旧房屋并不拆毁，而是被闲置或用来储物、圈养牲畜等，因而村中往往会出现新老建筑并存的景象。

在老家，大多数居民都有着"家里有几个儿子就要建几栋房子"的观念，认为有了房才算真正安了家。大部分村宅都是自建，没有图纸，几个村民临时组建成施工队，完全根据经验施工。这样建造出来的住宅，使用功能和耐久度都无法令人满意。

随着时代变迁，住宅的空间形态也随之变化。村中的老房子多为黏土砖砌成。供

图1 入村的土路

图2 破旧的老房子

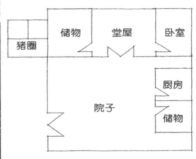

图3 奶奶家老房子及空间布局示意图

图4 奶奶家新房子及空间布局示意图

图5 亲戚们坐在奶奶家的堂屋中吃饭　　　图6 奶奶家堂屋正对门的墙上贴满了堂妹们的奖状

日常起居的房屋为"堂屋"，坐北朝南，一般为三开间。其中正对大门的房间供会客和就餐用；厨房与堂屋分靠，位于堂屋东侧或西侧；厕所均为旱厕，隐匿于堂屋后方。进入21世纪，住宅渐渐由坡屋顶转向可上人平屋顶，可以有较多空间用来晾晒谷物，住宅内的空间布局渐渐也有了现代化风格，但仍旧没有专门的用餐空间。这差别在奶奶家的两栋相对的房子对比中就可以看出。

　　每每过年要回老家，我都会用最厚的衣服把自己全副武装起来，即便如此，老家的冷还是给我留下深刻记忆。主屋由于兼顾用餐功能，平时显得较为空旷，冬天的太阳很难照进去，因而更为阴凉。吃过饭后，若是天气不错，一家人就会搬着凳子坐在院子里聊天，外面往往比屋子里暖和很多。

　　老家的厨房采用的还是烧柴火的灶台，两个大锅可用来炒菜、熬汤、烙馍……坐在暖和的灶台边，听柴火"噼里啪啦"燃烧的声音是我自小回老家最喜欢的事情，到现在大家还很爱笑小时候穿着一身白羽绒服的我因为好奇跑到厨房烧柴火弄得一身灰的事情。

　　老家的村子按姓氏分布，如姥姥家的"丁寨"、奶奶家的"尚庄"，因而村子里所有人都是有血缘的亲戚。小时候觉得最诧异的是辈分总是和年龄没有关系。记得姥姥家隔壁满头白发的老太太叫我妈妈"姑奶"，而奶奶家隔壁小我两岁的男生却是我

图 7　奶奶在厨房烧柴火准备做饭

图 8　院墙上用砖砌出的装饰

图 9　晒太阳的猫

图 10　怀孕的羊妈妈和小羊

图 11　开阔的麦田

的"小叔"……虽然很奇怪，但是这种大家都是一家子人的感觉却充满了人情味，对于现在住隔壁都是陌生人的我而言，是很温暖的体验。喜欢坐在院子里看来来往往的人互相打招呼，用我还听不太懂的方言聊着张家长李家短，这种热闹显得冬天好像没有那么寒冷了。

回老家对我来说是很难得的体验，每年一到两次、每次一两天，总是能看到很多不常见的事物，农村生活由于陌生而显得有趣。我想对于那些喜欢到"农家乐"游玩的人一样，小孩子因为好奇所以喜欢摸摸农具看看牲畜，而大人多是因为怀念所以去采摘蔬果回味儿时的味道。但这些都是建立在硬件条件基本过关且不久居的前提下，若真正住在现有农家、体验他们平日里真正生活的话，很少有人可以接受。对乡村建设而言，一方面人们希望保留乡村淳朴、传统的生活，另一方面，住在那里的人们更是希望能够得到更好的、较为现代的生活条件，两者如何相互协调，是一个重要问题。

另外，近几年来，老家的生活环境虽然有了明显改善，但也面临很多问题：村子缺少规划，房屋均为村民自建；村中没有固定垃圾投放点，生活垃圾多扔在自家屋后与农田交接处，较为脏乱；外出打工人口增多，村中只剩下老人和儿童留守，青壮年仅在过年期间返乡……这些都不是只有我的老家才有的问题，而是现在大多数农村都要面对的。希望在不久的将来，这些问题都能得到很好地解决。

家乡老村老街的"拆改留"

冯锦浩（2015 级硕士）

我土生土长在广东顺德，父辈和祖辈都是地地道道的原住村民。顺德，从唐朝时候的集市到改革开放后的县级市，再到后来隶属于佛山市的行政辖区，伴随着中国的朝代更替、改革开放和现在的珠三角经济圈抱团发展，快速的发展和变化真在意料之外，也属情理之中。家乡以及旧城区中心的那一家 1994 年入驻的麦当劳连锁快餐店，也随同城市发展一起成长。

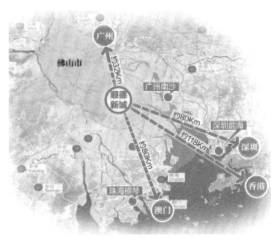

图 1　顺德区位分析图

顺德区位优势很明显，被港、澳、鹏城（深圳）、羊城（广州）、禅城（佛山）等城市包围。上世纪 90 年代，孩童时期的我去趟羊城或者香港，就觉得像是从山沟最深处一路跋山涉水到城里一样，看着大城市里各种奇葩舶来品，觉得时光弥足珍贵。自从那家麦当劳进驻以后，我在小学考满分的频率明显高了，也因此告别了翻过山涉过珠江去羊城才能吃到洋食品的时代。

邓小平在南海边画的圈像引力波一样，把鹏城小渔村变成一线城市的同时，也把顺德小县城变成了广东四小龙之一。乐从家具、北滘美的、陈村花卉、凤城美食等名片扬名海内外，促使近 138.6 万南下务工人员前来谋生甚至定居生活。对比顺德和全国的发展，分析顺德的人口结构，再来看家乡的乡镇建设，或许会发现一些端倪。

笔者大年初一到了顺德的逢简村，发现很多传统习俗在这里依然被留存展示。很多城市里的人和我一样来这里感受传统村落的春节气氛。沿着正在重新治理的河涌，村民一路敲锣舞狮，接受着沿河两岸工艺品、小吃美食流动商贩的"利是"祝福（广东地区的红包）。石质铺地取代了以前泥泞的道路，古建筑被修复，沿街老旧小民居被活化利用成商铺，由店主和屋主翻新，吸引游人消费；还有各种大大小小的传统习俗和公益活动，逢简村变成了当地的历史文化名片。

大年初二在外婆家过年，顺道考察调研了外婆的家——陈村镇的民族路，一条并没有怎么变化的县城街道。看到街道两旁依旧是老旧的骑楼，同时很多原本格局极好的旧房屋大多脏乱不堪，为什么多年不加修缮？访谈得到的答案出奇地一致："将就着住吧，天知道哪天政府看上这块地又要搞拆迁了，只按建筑面积给补偿，你修得再好也是白搭。"

将两天到访的两个地方进行比较，发现顺德现在经济相对发达，行政辖区在城市行政格局里，似乎一直在变更中，但它依旧处于它该处的位置，不是市也不是村，经

图 2　以前的顺德

图 3　现在的顺德

图 4　逢简村的河涌整治　　　　　　　　图 5　逢简村的道路修葺

图 6　外婆家的旧房子　　　　　　　　　图 7　外婆家的骑楼小街

济、政治和规划建设上难同步，顺德也采取了很多扬长避短的举措。

　　顺德所处区位以及产业与人口结构也导致当地政府通过新城开发、城际交通建设等对应策略来进行乡镇建设，所以在资金有限的情况下，有选择性地开发就是当地决策者的举措，高性价比地干大事情。大部分村落自建洋房过多而逢简村古建筑较多，底蕴深厚，因此开发潜力更突出。顺德作为水乡，同时常年雨水较多的气候特点导致河涌、道路、船埠等基础设施整治迫在眉睫。善于建立促进富裕村民自发性建设的改造建设指引，举行节日及民俗活动，发扬顺德历史文化，促进商业发展等，都是颇有成效的举措。

　　作为一个建筑学子和未来建筑师，不禁反问，我能为城市建设带来什么？其实，就是那细微到几乎被忽略的不影响乡镇可持续发展大局的改造建设指引建筑师要有对社会、人口、经济等的分析能力和未来各阶段发展的预判能力，才能有的放矢地提出既着眼当下，又可持续的建设指引和设计方案，而不是留下一些建筑师孤芳自赏的个人意趣作品。我在回乡考察过程中，游走在乡镇街道上的所思所想或许会对我的未来有所改变。

回乡·回想

谢龙（2015级硕士）

春节，回到生活了21年的地方，疑问着：我的家去哪了？曾经庇护我的一砖一瓦，去哪儿了？曾经嬉戏打闹的胡同，去哪儿了？曾经热情好客的街坊邻居，去哪儿了？站在是家却又不是家的地方，心里格外郁闷。

我的家乡位于河南省漯河市临颍县邢庄村。邢庄村的村民平凡朴素。村民现在的住宅大多是新建的一至两层的现代小平房，沿路铺开，却将村子的真面目包裹在现代建筑的沿街立面中，与传统建筑混杂。过去闭着眼睛就能找到叔叔伯伯等各亲戚的家，现在可不行了。

2015年的新农村规划，让我看到了家乡的沧海桑田之变，以及物是人非。东西向的扩路工程让包括我家在内的房子被无情拆除，那条维系着我们邻里关系，支撑着我们节日往来的小路变宽了，换成了崭新的柏油马路，路两旁矗立花里胡哨的街灯，看似大气排场，但街坊邻居都不知所终，只留下了印象中的问候声在耳边回荡。

我家老屋是去年拆的，房子位于街的转角处，两层，一层有五间门面，二层用作自家人居住。在一层用铁皮加建了一部分，用作小卖铺。印象中，在家里就没有睡过懒觉，因为开门营业的事情，总要有人看着摊铺。这个小卖铺不仅为我们的生活增加了些许收入，人们也因为一包烟、一瓶酒的买卖产生交往，门前顾客络绎不绝，交叉口也成为大家心中默认的集散地，热闹非凡，小路上也因此多了很多红白喜事。

经过一段时间的学习换个角度来感受一下新农村的建设。2 月 14 日，我骑着电瓶车在新修道路上游历，"这是我家的位置，这是二叔家，那是三叔家……"心里回想着曾经跟着爸爸挨家挨户拜年的场景，现在车流量多了，人流量少了，拍照时还得避让横冲直撞的车辆，心里还有点幼稚地想："明明是我的地盘，谁让你们来的！"

游历过程中一些问题就浮现出来了，比如一般路两旁修的都是比较规整的现代平房，只有走进胡同小路才能发现传统老屋，坡屋顶，如意门，真正的乡村气息被包围在里面。现在围合在外面的建筑扒掉了，里面真正属于邢庄村村民的建筑就显露出来。

图 1　位于道路交叉口的老房子

图 2　拆除过程记录（2015.3）

图 3　拆除后的街角（虚线区域是老房子旧址）

图 4　拆除表皮的伪现代建筑，看到封存在内部的旧村落记忆

图 5　一头被"挖"出来的小驴，一边是现代的柏油马路，一边是传统的圈养院落

看着那样的建筑，孤傲地伫立着，像是好久没有这么畅快地呼吸过。还有一些被圈养的家畜，一边是柏油马路，一边是拴在木桩上的小驴，令人深思。

一条路的变动，拨开了邢庄村村落的一部分原始面目，而村里的拆迁赔偿政策又会暴露一些什么呢？

家里的房子面积总共 240 平方米，一、二层各 120 平方米，村里的拆迁补偿政策是一平米赔一平米，门面也是这样计算，村民可享受 30 平方米议价房。只要是邢庄村村民，都能享受 800 元一平方米的优惠政策，而市场价则是 3000 元一平方米。我家有居住面积 150 平方米，还有 90 平方米门面房，现在赔了一套 110 平方米的户型，还剩

图6 新农村改造的还建房 　　　　　图7 内部格局

下40平米居住面积没有用。爸爸这几天就在纠结这个问题。如果剩下的40平方米我们不要了，转换成现金补偿，按照每平方米1000元的价格折成现金只有4万元，太不划算。但是如果这40平方米还留着，同时也享受30平方米议价房，费用2.4万元，自己再以市场价格买40平方米面积，就还能得到一套110平方米的住房，但40平方米市场价那部分就需要12万元，就是自己家里需要再支付14万元左右才能得到另一套。

　　这是爸爸现在面临的抉择，同样也是我的抉择，我肯定不会再回到这个失去了家乡记忆的地方。爸爸想买另一套房子肯定是为了我，为了我们四个儿女。他操劳太多了，老来得子，将近70岁了还在为家里打拼，作为儿子的我寒心不已，充满愧疚。我的希望是折成现金，另一套房子不要了，我不要再做啃老族，耗尽父母最后一丝力气，让他们能停下歇息，安享平静的日子。今年回家我就强烈要求父亲母亲能在我读研究生期间来学校游玩一阵，尤其是我妈，连河南省都没出过，这次要好好带着他们二老转转大武汉，迈出第一步。

　　旧家拆迁了，当然也要说一下新家的概况。新家是110平方米户型，小区距离老家也不远，两个路口。新家位于顶层11层，坡屋顶，通高8米，装修时就做了夹层出来。

图 8　为新家做的餐厅设计　　　　　　　　图 9　电视墙与楼梯结合的布局

室内装修的设计图是我画的，当时我爸就是甲方，暑假在家画完图后就走了，没有监督施工，没想到今年回家第一次居住就给了我这个小设计师一个大大的意外。偷工减料，做出的东西完全不是图上设计的，这让我觉得以后的工作一定要时时跑到工地，做监工，自己的爸爸都靠不住，更何况没有血缘关系只有利益关系的包工头呢？！

　　在新家里的 20 天，确实舒服。老屋没有暖气，没有热水，屋内漏风，屋顶还会漏雨……说的是乡愁乡愁，搬到新家用上新设备，心里那种对"老家"的情感只是停留在片刻的记忆，或是短暂的体验，要是再让自己回到原来的地方，说不定就不愿意了。体验与长期居住真的是两种感觉，有些城里人就问乡里那么幽静，空气那么清新，为何你们老往城里挤呢？那是城里人没有感觉在乡里生活是什么情景，一天两天挺新奇，一年两年估计就还是觉得城里好，医疗方便，交通发达，物资丰富，是乡村暂时做不到的。城镇化进程是一条必由之路，只有发展才是硬道理。

2017 年

老家的乡村春晚

张敦元（2016级硕士）

家乡在这里

我打小就随父母搬到孝感城中，对农村家乡的记忆止于三岁，但有一些模模糊糊的生活片段，记不清也忘不掉：在长满青草的田埂上奔跑，突然跳到田野中捉青蛙；在秧田中捞起死去的小鱼，被吸在腿上的水蛭吓到哭；在露天竹床上乘凉睡觉，害怕地听大人们讲鬼故事。

久远的乡村家乡记忆尘封心底，伴随着我在城中慢慢长大。慢慢地，孝感城也成为我实质意义的家乡。从小到大，我和姐姐关系独好，比和父母还好。每次回家，我都会去姐姐那里坐会儿，聊会儿。姐姐家在孝感城郊火车站附近的城中村三利村中，我家在孝感老城区，相距半小时公交车程，实际上骑电动车20分钟不到。小城的好

图1　三利村布局图

图2 三利小学　　　　　　　　　　　　　　图3 春晚舞台

处就是一辆电动车就能满足出行需求，不堵车，易停放。

乡村春晚

每次回家，去姐姐家所在的三利村玩耍已成习惯。三利村由新村和旧村构成，5年前旧村中的部分村民在村中一条主要道路两旁买地建了新楼房，大多4-5层高，形成新村的格局，道路直接通向孝感城区，路口有公交车，出行交通倒也方便。

图4 乡村春晚表演

今年除夕前，来到姐姐家，恰好赶上村中自办的首届春节晚会，地点在村小学操场，姐姐的美容美发店为表演者提供化妆服务。大家平时也在这里理发、洗面，因而比较熟络，店小排队等待时，大家一起闲聊打趣也其乐融融，并不会因为等待而烦闷。

春晚要求村中各组都要出节目，村民们并没有推诿或沉默，而是踊跃参与，唱歌、跳舞、魔术表演等样样都有，主持人也感叹道："没想到我们村人才还不少哩！"无论表演者还是观众，大家都互相认识，台上表演者毫无包袱地展现自己的才艺。表演失误，台下大伙儿跟着起哄；表演精彩，老老少少也尽情喝彩。特别是小孩子们，会偷偷跑上舞台，从一头跑向另一头，大人们在表演自己的节目，孩子们跑来抢戏，大人们无奈，孩子们却很开心。

图 5　深情向台下老婆唱情歌的小伙儿

还有那么一段令我印象深刻，台上一个年轻小伙对着台下的女子深情唱情歌，女子上台送给他一捧鲜花，乡村爱情也可以很浪漫。很晚，晚会结束，大家才互相结伴回家。偶闻几声犬吠，村子逐渐安静下来，灯火也逐渐灭了。

乡村春晚的背后

经历了三利村的首届春晚，深切感受到村子的活力及村民间融洽的关系。想想现在，很多村子逐渐空心化，失去活力，但三利村却越来越热闹，我尝试着寻找其中的原因。

这些年，为了加强与市区的联系，村子的形态格局由前田后宅的自由组团形态变成沿主要道路线形布局的形态，让城市物资能很方便快捷地运进来。村中房子也由单层砖瓦房变成了4-5层的瓷砖小骑楼，这样的房子外形一般，甚至许多人认为很丑，但房子宽敞明亮不漏雨，拥有现代化的生活设备，村民的居住环境质量提高了很多。新村中，有亲缘关系的人家要么住在一栋骑楼中，每层一家；要么相邻建房，大家互帮互助。村落形态变了，但村子的人口构成依然维系，既有亲缘又是邻里，彼此熟络。小骑楼底层由于临街，小超市、理发店、美容店、茶馆、网吧等商业性质的店铺发展起来，村周又有工厂，村民的经济来源不再只靠种田，商业买卖、厂房帮工、进城务工都很方便，收入也不差，因而也很少有村民背井离乡去碰运气。

图6　主要街道的骑楼商业

图7 村中日常

　　村民的日常生活也以新村主要街道为中心。小孩子喜欢在小超市买东西、在街上奔跑；赋闲的大人们习惯在店铺前拉家常，在茶馆打牌；下班回村的人会到理发屋洗头洗面，放松心情；而夜晚的街道又变成村民跳广场舞的场地。

　　社会在发展，城中村三利村的一切都在变化着，由于村子及市区为村民提供了创收机会，外出务工人员较少，村中人口构成基本没变，村民间的熟人社会关系也一直维系着，因而村子的人气、活力一直都在，首届乡村春晚的热闹非凡大概也得益于此。

由乡村外迁现象引发的思考

陈博（2016 级硕士）

我国的村落布局多注重房屋朝向、前后坐落关系和巷道空间尺度，并依水源而建，村前空地为人们提供了良好的交流空间和活动空间，村口池塘不仅满足村民浆洗和农田灌溉需求，还能有效将村内雨水和废水排出；村民抱团生活的方式加强了家乡的归属感和领域感。进入 21 世纪后，笔者的家乡陈仕龙垸那种农村聚集状态由曾经的组团型逐渐演变成为房屋坐落于县道两侧的线性布局，这一变化不仅摒弃了我国流传久远的传统村落总体布局的内在规则，还造成了建筑整体布局过于单一、房屋居住质量下降、村民关系疏远和公共空间缺失等问题。

为什么近年来大量村民放弃曾经的村落住房而选择购买县道旁宅基地建设新房？

图 1　2000 年以前的村落分布情况　　　图 2　2000 年以后的村落分布情况

首先，如今的乡村新房作为一种"隐形彩礼"成为农村男青年娶妻不可或缺的条件。在中国，彩礼作为男方支付给女方家庭的费用，用来弥补女方家庭的劳动力损失、支付女方家庭的抚养费用而采取的一种集体性策略，而结婚必须要有新房子则是女方家长为保证女儿婚后生活质量的一种要求。

然而，近些年来农村彩礼价格一路攀升，新房、新车和十几万元现金缺一不可，人们对新房的要求也在不断提高，从上世纪90年代的一间新房间到如今的三层小洋楼，旧村由于生活条件差逐渐被人们抛弃，村民普遍选择在县道两侧购买宅基地建房，但宅基地购买、房屋建设、室内装修及购置家电的费用高达二三十万元，许多人不得不借债结婚，甚至出现"因婚致贫"的现象。为何许多村民在自身经济条件不允许的情况下仍选择在县道旁建设新房？究其原因，主要是我国农村现阶段适婚男女比例严重失衡。据国家统计局发布的数据显示，至2015年末，中国大陆男性人口70 414万人，女性人口67 048万人，男性比女性多出3366万人，男多女少的现实情况造成了女性在婚姻选择方面更有主动权。并且，随着现今农村年轻女性受教育程度不断提升、通婚圈的扩大和网络信息技术的发展，她们的视野也更开阔，因此在选择结婚对象时要求更高。在县道两侧建设高档新房作为男方家庭经济条件的外在表现，同时是婚后生活质量的保证，在越来越严峻的结婚"竞争"环境下，就成为男方家庭必备的重要条件。

其次，老村各类生活条件较差：卫生条件多年来未改善，大部分村民家里依然使用旱厕。近年来笔者家乡附近村庄开设加工厂，加上生活垃圾处理不当，池塘和沟渠水质被严重污染，村庄自然环境急剧恶化。通往村庄的道路和村内道路路况较差，道面较窄，已无法满足村民日常出行。村内没有铺设自来水管道，网络信号也不普及，信息闭塞。另外，近年来，农村攀比风气逐渐蔓延，很多人觉得在老村建房"没有面子"，随着县道两侧最初几栋房子的建成，越来越多的人也选择了搬出旧村。

男多女少情况下的结婚难问题，导致结婚需要相对高档的新房和新房需要到生活条件更舒适的县道两侧建设，综合起来就造成了越来越多年轻人搬离旧村的情况。

但是在县道两侧建设新房也带来了一系列问题，如路上飞驰而过的汽车不但打

图3 村民旧房与县
道边的新房

图4 县道两侧新建房屋

破了生活的宁静更增加了居住的危险性，老人和小孩因此丧失了自由活动的条件；更重要的是，整齐划一的线性布局没有了人们熟悉的街巷尺度，没有了公共活动空间，村民也因此失去了往日的交流交往空间，取而代之的是紧闭的大门和逐渐冷漠的邻里关系。

　　二十多年前，村民不顾被罚款的风险超生多生，他们没有想到二十多年后又要冒着搬离家乡、倾尽家财的风险为儿子娶妻。那些重男轻女的家庭也无法想到一味追求生男孩儿，最终带来的严重后果还是要他们自己承担。

通过花灯出游再识家乡——客家古村芷溪

黄燊（2016 级硕士）

我的家乡，有祖屋、祖祠、祖坟，还有几亩田。我自初中至今在外求学将近 12 年，每年仅寒暑假回家。现在回头发现，多年在外看世界，却疏于对家乡的了解。于是今年过年回家，我认真翻开典籍与族谱，寻根问祖，先看看自己是从哪里来的……

家乡芷溪，是一个闽西客家古村。它是一个血缘型聚落，这里有黄、杨、邱、华四姓客家人各自聚族而居。就拿我们黄姓来说，从古江夏迁至河南光州，后于唐朝江夏黄氏入闽，明朝初年，黄氏到芷溪开基、繁衍至今已历 600 余年，单单一个黄姓客家人数千年的迁徙都是一部厚重的历史。

芷溪这个客家古村落最大的特色，是从明清时期到民国，一个 6000 多人的村落，却建有 74 座家庙、宗祠、祠堂。在过去的宗法社会，宗祠不仅用作敬奉先祖，更多

图 1　上帝视角下的芷溪（作者自摄）

图 2　芷溪的祠堂（自摄）

图 3　从左到右的民俗活动依次为：走古事、扛菩萨、舞狮、红龙缠柱、游花灯（图片来源：杨天鑫）

的是商议族事、兴办学堂培育后代的场所。要说芷溪的古宗祠，一两句话介绍不完。这里不从建筑入手，而是从芷溪最有特色的民俗活动，侧面展示芷溪的客家文化。

客家地区由于长期远离中国政治中心，在各种动荡时代，客家文化得以保存较好，来自中原的客家人在民俗活动上有许多中原汉民俗的影子。每到春节，这里有花样百出的民俗活动庆祝新春，像走古事、扛菩萨、舞龙舞狮、红龙缠柱等活动在客家各地区都是大同小异，而芷溪的花灯出游风俗独树一帜，是其他地方没有的。

相传，芷溪花灯的制作技艺是清康熙年间从苏州传入的，替换了当时较为粗陋的灯笼，并逐渐形成了出灯的仪式和定例，迄今已有 300 余年历史。

花灯重 13 公斤，高近 170 厘米，直径有 80 厘米，一座花灯由 99 盏小花灯组成，小花灯内部是玻璃杯火，外面用透光性好的纸包裹，被称为"纸包火"的奇迹。花灯点亮时，通体明亮，晶莹剔透，用"火树银花触目红"这句古诗描述再恰当不过。

花灯出游时队伍庞大。每座花灯需 30 余人：开道 1 至 2 人，领路提灯 2 人或 4 人（孩童），锣鼓队 6 人，擎灯师傅 6 人以上，抬伞 1 人（防下雨淋湿花灯），抬席 2 人（展开，作屏风状，防风吹花灯）。

图 4　花灯制作（图片来源：杨天鑫）

图 5　花灯点火、上灯（图片来源：杨天鑫）

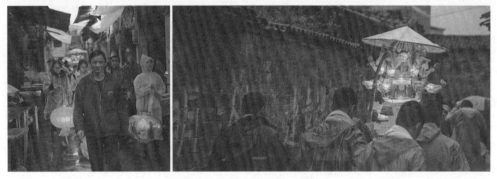

图 6　花灯出游队伍（图片来源：杨天鑫）

花灯出游，叫"出案"，有几百年不可变的规矩，是以姓氏结合居住地为序，按年轮流，邱、华两姓四年轮一次，而黄、杨两姓八年轮一次。"出案"的顺序和游行路线都是最初四姓长老共同商议的结果，所谓"出案"即四姓族长们议决的方案。轮到"出案"的姓氏，其族人以房族为单位由几户人合出一个花灯，除初五和初八的忌日外，从初一到元宵，不论刮风下雨，夜夜出游。

从"出案"的规矩可以看出，历史上芷溪四个姓氏聚居区位和当时的各姓人口比例，过去芷溪有个顺口溜："邱三千，华八百，黄、杨两姓合一百。"这是明万历年间的人口状况，邱、华两姓客家人在此已成旺族，而黄、杨两姓刚到芷溪开基。如今四五百年过去，芷溪已是一个万人古村落，黄、杨两姓人口剧增，占了全村人口80%以上。但是"出案"的规矩一直延续至今。所以现在轮到黄、杨两姓"出案"时，花灯规模盛大，称为"八年胜案"。

从花灯游行的路线可以勾勒出古村落过去的大致轮廓，还可以确定村落的重要节点，如花灯巡游中必去的几个庵庙（村头的安民庵、水尾的天后宫和村口的土地庙），和必定会经过的老街（这里是农历每月逢五、逢十周围各村镇前来赶圩的地方，可以说是过去整个村落的商贸中心）。

在外人看来简单的花灯巡游，事实上讲究和规矩非常多，从花灯的制作选材到出灯的路线、出灯前后的酒宴、出灯的各种禁忌等，单从花灯民俗这一个点，便可以牵出一个面，这个面涵盖了芷溪这一客家古村落的历史变迁、经济发展、聚落形态与结构、民俗文化、信仰等方方面面，非常有趣。

"住得上新楼，守得住乡愁"

张何奕（2016级硕士）

我的家乡山西省太原市，位于山西中央、太原盆地北端、华北地区黄河流域中部。宋初赵光义灭北汉，并焚毁始于春秋的晋阳城，后在北部阳曲县重建太原城，后历经明清扩建，成为当代太原市的雏形。城市西、北、东三面环山，城市建设不断向南部扩展。自我记事起，北部的旧城区格局并没有太大变化。

2013年太原市拉开了轰轰烈烈的城市改造序幕。不仅在城市周边新建了中环高速路，并将几条城市主干道改造为快速路。其中的五一路是我中学时期每天都要经过的一条路，对其感情颇深，在改造中风貌变化很大。

太原五一路，南起五一广场，北至胜利街，是一条饱经沧桑的老街。前身是民国时期的新开路，是太原市第一条水泥马路，太原市最早拓建的通衢大道。

早在金元时期，今五一路南段虽在太原城东关外，但已是城铺相连、人流熙攘的东关要道。明初，太原城扩建时，将这片繁华之地圈入太原城中，成为晋王府直达承恩门的大道。日军侵华后，为掠夺资源，在此修筑了一条水泥马路，取名"新开路"，俗称"洋街"。1949年后，新开路、首义门、松花坡、精营中正街、新民头条、新民五条逐步拓宽新建，于1955年9月20日完工。为寓劳动人民当家做主之意，取名"五一路"。

五一路沿线，分布着许多历史文化建筑，一条路将太原厚重的历史连成串。比如，

图1 上世纪50年代末的五一路和五一百货大楼　　　　图2 国有华义美发厅

位于五一路245号的山西国民师范旧址，是太原市保存较完整的一处近现代重要史迹及纪念性建筑。主要建筑坐北朝南，前有西洋式大门，中有加固维修后的歇山卷棚式二层办公楼和资料室，西侧为临街展览厅，东侧有卷棚式陈列廊。整个建筑古朴典雅，是民国初年中国传统建筑与西方建筑相结合的典范。

老式吹风机、白瓷脸池、白色制服、陈旧的海报……比如，1958年开业的华义美发厅尽管显得陈旧、暗淡，但对老太原人而言却非常亲切。这是如今太原市最后一家国营理发店，店里的老式理发椅有的用了50多年，该店保留着传统理发手艺，至今仍颇受欢迎。

此外，还有五一百货大楼、五一路邮局、赵树理旧居、星火俱乐部等见证了半个多世纪城市变迁的老建筑。

从1955年命名至今，60多年来五一路没有拓宽改造，道路基本保持原状。目前，五一路两侧多为商业用地，沿线分布大型购物广场、大大小小的商铺、小学、医院等，高峰时堵塞严重，已制约了该区域发展。

道路原长3.48公里，将向北延伸1.32公里。五一路现状道路宽20～30米，双

图3 改造前五一路街景　　　　　　　图4 通车后的五一路

向4车道，改造后，红线宽40～50米，设计为双向6车道或8车道。人行天桥改成地下通道，主路高架与地下通道结合，形成全程不设红绿灯的城市快速路。

2016年3月15日起，五一路封闭施工。这条路纵贯老城区，见证了城市60多年的巨变沧桑。此时，老房子拆平了，老景致模糊了，老树也即将挪走。仅仅100多天后，一条路面加宽，管线入地的城市主干道呈现在人们面前。

图5 新华书店复原效果图

城市效率和交通状况确实得到了极大改观。但是五一路本来的特色不见了，沿街两侧大大小小的店铺变成了高耸的高层住宅，原来的800多棵树木，由于移栽了600棵，使得道路两侧失去了郁郁葱葱的绿树荫蔽，这样的现代化道路放在哪个城市也并不令人奇怪。

这并非五一路改造的全部。一批记录着城市历史的老建筑、老民居、老景致如同细胞一样，已然成为这条道路肌体当中的一部分。

按照规划方案，除了一部分保留的历史建筑以及周边拆迁后露出真容的文物外，沿街拆迁单位如和平照相馆、新华书店和天津包子铺等22家单位，将来可能回迁到路东侧，将成为五一路的全新基调。

"住得上新楼，守得住乡愁"是当下很流行的提法。从前城市规划与建设时没有设计太多冗余，不能满足今天人口迅速膨胀的城市生活，在城市发展时又不可避免发生像五一路改扩建这样的工程。吴良镛先生说，城市是一个有生命的机体，需要新陈代谢。但是，这种代谢应当像细胞更新一样，是一种"有机"的更新，而不是生硬的替换。时下的太原城以及全国，一大批城市基础设施改造、新建工程陆续开工，城中村、棚户区改造加速推进。城市道路的有机更新、历史街区的有机生长，这样的城市才是鲜活的，反之就是生硬的。衷心希望未来能在五一路能找回昔日的乡愁。

小城"堵车"

白廷彩（2016 级硕士）

故乡，往往因为太熟悉，太习以为常而不知从何说起。

河南南阳是我的家乡，地处秦岭淮河一线（南北分界线），位于河南省西南，是河南省面积最大、人口最多的省辖市。

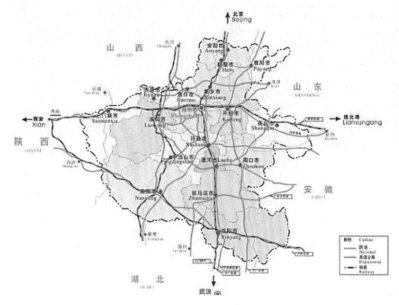

图 1　河南省交通地图

过年回家的时候，已经是农历小年。这个时候一二线城市的外来人口陆续"返乡"，回到三四线城市，回到农村，一二线城市一天天变得空荡起来。三四线城市迎来了回家的人们，看起来倒是比平时热闹了些。除去回老家探亲、祭祖的日子，人们就在小小的城里和家人、朋友享受难得的相聚。说是小小的城，因为城南到城北公交不过一个多小时。自从离家去郑州、武汉读书，城市的尺度比这些小小的城大了好多倍，周末逛街的车程基本都要超过一个小时，人在城市里也越发显得渺小了。

我家楼下的道路叫车站南路，记忆里这条路是不堵车的，直到"堵车"成为平常百姓生活中都会遇到的交通状况之后，这条路成了市里最堵的几条道路之一。这样的三车道已经难以承载交通压力。

临街住宅楼的建造早晚可以清楚地被排列出来。越晚建造的，退道路距离越大，呈现出层层后退的街道立面。因为建造时对城市未来交通压力考虑不够，没有预估到

图 2　卧室外的街道

图 3　临街住宅

图 4　街区内的医院

图 5　街区内的幼儿园

图6　街区内的菜场

图7　街区内的商业建筑

图8　南阳西南部卫星地图

私家车数量增长会如此迅速，所以建筑退道路的距离在一点点增加，其实这几座建筑的建造年代相差也不过三五年。人行道辟出很大空间划为停车位，即使这样依然很难停车，因为周边小区内部空间非常紧张，多数只能停在人行道上。

在这条不到500米的街道上，医院、幼儿园、菜场、商业建筑齐全，虽然生活便利，但是因为这些建筑全部沿街，入口都直接向道路开设，人流聚集点密集，车辆阻塞交通。

但是，这些问题马上要被新的问题所取代了。

图8为我家所在的南阳西南部卫星地图。红点标记为我家的位置。临车站南路。

图9　南阳武侯祠

绿色为国家 AAAA 旅游区武侯祠。蓝色为白河局部。

我家距离武侯祠距离不过数百米，到白河距离也不足 2 公里。

随着占地 176.46 公顷的"南阳卧龙岗文化旅游产业集聚区"项目将要落地，我家即将面临拆迁。这些熟悉的街道将被全部重建。美好的远景是可以预见的，经过周密规划的街道将迎来新生。但我依然不舍它现在的样子，不仅是城市的历史，也是属于每个人的记忆。

我的"建筑师"父亲

周明珠（2016 级硕士）

提笔之时是 2017 年 2 月 3 日，农历正月初七，正是二十四节气中的第一个节气——立春，风和日暖，万物生长，是春天开始的标志；年也在繁忙的走亲访友中渐行渐远。

我家在湖北省荆门市沙洋县的一个小村，位于长江支流汉江边上，以前每次从学校回家，买不着票的时候我都在想，是不是可以顺着汉江水漂流回家。

今年过年没有往年热闹，原因除了年味儿越来越淡外，还在于能聚在一起过年的人越来越少了，随着哥哥姐姐甚至弟弟妹妹的外出工作定居，我成了大年初一给家里长辈拜年的孤独的"拜年人"。

爸爸的兄弟姊妹比较多，每年大年初二这天，风俗上讲是出嫁的女儿回娘家拜年的一天。前几年，尤其在我还比较小的时候，这一天总是过年期间最热闹的一天，几大家子人齐聚一堂，妈妈总要烧两桌子菜才能勉强坐下，很是辛苦，但是爸爸很高兴，因为他最喜欢亲朋好友聚在一起热热闹闹的样子。渐渐的，这样的场景越来越少了，因为一年一年，能回来过年的人越来越不全了。今年，妈妈如往年一样做了两桌菜，人却仅能坐满一桌。尽管如此，老爸仍是像个孩子一样尽力营造年的味道、家的氛围。

从小到大，在我的记忆里，老爸总有很多想法，将自己的休息时间安排得满满当当，完成他一个个的"建设计划"，为我的童年创造了很多美好的回忆。比如门口的秋千，在我有记忆起它就在了，换过树杈，更换过版本，但秋千始终都在，是我小时候最爱待的地方。我总是假模假式地拿本书和一个软垫，以一种奇特的姿势躺在上面，不一会儿就睡着了，最后都以险些摔下来收尾。如今许多年过去了，我已不常去秋千处玩耍，但它每年都是过年时最热闹的地方。砖混砌筑的乒乓球台（图1）、养着小鱼的池塘、专门开辟出的养鸡小院儿、放置盆栽的花架、从高墙垂到水面上的迎春花、从屋后生长到屋前的葡萄藤、用竹子构筑的围篱，等等，家里的每一处都是充满家人回忆的地方。

当然，还有老爸最"引以为豪"的假山喷泉。老爸自然是完全没有接触过建筑设计及相关专业的，但是已有多年建筑设计专业学习经历的我却总是遭到他毫不掩饰的"嫌弃"，我也是心服口服。假山喷泉位于后院水池中央，已经有很多个年头了，这些假山石当初是老爸一块一块从山上找回来的，小时候我曾经跟着去过一次，什么也没有找到。积攒了一定数量后，老爸抽干了池塘里的水，在中央立了几个水泥圆筒，中心填上泥土后，在上面堆砌假山石，具体如何堆砌能让石头看起来美观而不会倒塌，这里面应该有些门道。石头上种了一株杨柳和一株栀子花，因为这种石头密度很低，有很多空洞和空隙，能够保留一些泥土也具有一定的吸水储水性，让两株植物能够顺利在上面生长。

老爸还在假山石下设置了一个小机关，就是简单的喷泉啦，原理很简单，就是在物理课上学习的水压，利用屋顶蓄水池的水压来产生喷泉效果。每次家里来客人，老爸总是要打开喷泉"炫耀"一番，虽然我每次都要"嫌弃"他一番，但还是挺为老爸感到开心。

图1 家里人在打乒乓球娱乐

图2 在"钓鱼岛"上插国旗

这张照片（图2）是春节前一天我为爸爸拍的，他在为过年做准备。给铁护栏涂刷了新漆，正打算在假山上插上一面小国旗，插国旗的基座，不用怀疑，正是妈妈刚从菜地里拔出的红萝卜。大年初二，大表哥来到我家，一下就猜出了老爸的意图，他是要在"钓鱼岛"上插国旗，这清奇的脑洞，大概也只有一样脑洞大的大表哥能一眼看出来了，引得一众亲戚哈哈大笑。虽然人不齐，今年应该也是一个愉快的年。

　　过完年，我们又要离开家奔赴不同的目的地了。我们去过了很多城市，看过了很多地方，见过了更美的山水和田园，然而，它们都替代不了家里的一草一木。作为迁徙的一代，我们多半只能与家乡渐行渐远，也无法回到小时候的场景，躺在树荫下的秋千上，微风吹过，阳光透过枝叶，斑驳地洒在脸上，而我正抱着一本小人书，安睡。尽管如此，我还是希望有一天，能真正回到家乡。

春节返乡的经历与思考

王晨阳（本科一年级）

每次回家都兴致勃勃，每次离开都愁肠寸结。每个人都有自己的人生轨迹，不论显贵还是平凡，他们的经历总有触动人类情感的地方，而家乡的变迁让我莫名伤感。

安静的社区

红安发展的步子似乎有点慢，每次回去都感觉没什么变化，随处可见的广告褪去了原来的艳丽。菜市场的小贩还是原来那几个。要说不同，就是熟人们的头发渐白，身形更加弯曲，肚子也凸出来了。"这些就是鬼城"，妈妈指着远处密密麻麻的高层住宅楼和我聊天。这件事我妈给我说过很多次了，毕竟随着我在外读书，我们之间的共同话题变得越来越少，一些话题不免一次又一次重提。我静静听着她说话，时不时回答一声"嗯"，心中感叹都三年了，这些房子还没卖出去，不过想想也释然了，红安连五线都算不上，外地人不进来，年轻人往外走，留下的都是老弱妇孺，老房子也空置了不少，买房子自然动力不足。

出门散步，社区种植的行道树已亭亭如盖，落叶冉冉，两边的空房子大门紧闭。重回故里，五味杂陈，记得我很小的时候，镇子上的街道两旁挤满各种货郎，他们吆喝着自己的货物，熙熙攘攘，小孩们相互追逐，街上的道路不干净，甚至杂乱，却有一股别样的活力。如今家乡的道路格外清静，如同一个老婆婆坐在摇椅上看日落般寂静。

图 1　荒芜的田野

图 2　新开发的小区

图 3　田野

乡下的天空是那么蓝，特别在冬日，天穹深邃，阳光凛冽耀眼，一块块耕地上满是业已枯萎的蓬蒿。我曾问妈妈为什么没有人把那些荒地集中起来搞大种植，她说以前小麦 1.1 元一斤，现在 0.6 元一斤，一个劳力种田不如出去打工，现在全靠国家补贴才愿意种田。我们这儿的地少又分散，种的田少，国家补贴还不够农资的钱，想多种田就要先把各家的田全平整在一起，再用机械种田，但这样前期投资大，还不如去别的更平坦的地方种田划算，于是，曾经的耕地变成了荒野。

听闻的故事

从事建筑业的表哥来我家拜年，谈起了他的经历。他说从去年开始，项目越来越少，他已经不做建筑业了，决定去城里开美容店。还有一个亲戚，是三本学校毕业，赶上了建筑业黄金时代的末班车，当时月工资最高有 2 万元，如今他离开建筑业进入 IT 业做了一个码农，每月工资 9000 元，在当地过得还行。他告诉我，首先要能穷则思变，其次要能判断风口，建筑业已经不在风口期，但他对我很有信心，说："连我一个水货大学生都能混成这样，你们可是高才生，总不会没有办法的。"面对未来，我不知如何回答。但是我妈却对未来的建筑行业看好："不是开放了二胎吗？等小孩长大，肯定要新房子啊，而且现在的房子不一定适合后人住啊，肯定有事情做的，我给你算过命，说你中年福来，灿灿如菊开。""妈，你怎么这么迷信啊！"我笑着说。

倒闭的工厂

小镇信息闭塞，当年明星企业的倒闭自然成为大家的谈资。这是一家服装企业，据说老板是个很有能耐的人。当年他看准我家乡建立工业园的时机，第一个来投资，建起了镇上第一座高度超过 60 米的建筑，招揽来了大量工人，记得当时运货的大卡车不论昼夜川流不息，电视台也来报道，省里的领导也来参加了落成典礼。有了他的带头，大批企业纷纷进入，听说这些企业都是被武汉赶出来的污染型企业，但是不管如何，由于工人的到来，大量商贩也涌入了。厂房、学校、住宅楼、商铺，狂飙而起，那时家乡的房价也节节攀升，各地的人都疯狂地求购房子，后来又有不知来源的消息说，家乡马上要划入紧邻的武汉市了，这个消息让人们再一次疯狂。

正如沙漠中看见的绿洲，常常是蜃景一样，现实总是在人期望最大的时候伤人最深。在第一批企业进入的同时，就有企业离开了，但是人们没在意它们，毕竟它们是少数。高楼依旧平地起，地价仍然日日升，有钱人坐庄开花，日入斗金。后来的故事就和全中国各地的鬼城一样了，早抽身的人赚得盆满钵满，而接盘侠们的后续故事就不为人知了。

图 4　烂尾楼

家乡工业园失败的原因太多了，我就不赘述了，但是家乡发生的事情让我十分反感那些疯狂买地的有钱人。只不过它发生在一个偏远小镇，影响太小了，没有多少人关注，不知道这样的事情是不是也在中国别的地方上演。如果把中国比作一个小镇，我只希望那些疯狂涌入我家乡建房子的有钱人不要涌入中国其他地方，但是很明显，那不现实。

家乡的葬礼

王焱（本科一年级）

葬礼是一件很庄重严肃的事情，为了尊重逝者，笔者并没有拍摄照片，只是通过自己的文字来描述。

北方的冬天，总是特别寒冷，对于老人更是难熬。回家短短一个月，我就已经参加了两次葬礼，于是试着去了解了家乡这边关于葬礼的规矩，中原一种传统的仪式。

听爸爸讲，当家里老人快去世的时候，家人们会陪在他们身边，陪他们走完人生的最后一程。老人离世后，他的子女们会帮其沐浴更衣，穿上准备好的寿衣，然后遗体放置在屋堂前。死者脸上蒙上白布，身上盖棉被，头朝向屋门口，前面有供桌，上放贡品、香烛之类东西。之后子女会来到村里的十字路口焚香，告知土地公有人前去报到，希望给予接洽（按当地人说法，土地公是阴间管理户籍的使者，阳间人死后首先要向土地公报到，不然就成了孤魂野鬼，在阴间无处安身）。然后，遗体会在家里停放三天、七天和半月不等，以防死者是假死，也算是家人们的一种美好愿望。在此期间，子女们守在床的两侧，男左女右守孝，长子在左侧第一，看守长明灯，为老人在阴间照明。

我们村庄是一个大家族，整个村子的人同宗都姓王，整个家族分为四门，每一门都有一个办事人，负责本门的红白喜事，婚丧嫁娶。举行葬礼前，办事人会带着死者的儿子去挨个通知本家的人，而且都要先给他们磕头行大礼，然后说出相请的缘故，替父母行孝。旧时遇到熟人都要行大礼，现在已没有这么隆重了。

一般在葬礼的前三天就开始准备了，办事人为主家安排各种事宜，本家的青壮年都会提前过去帮忙（他们被称作"忙工"）。葬礼的前天，还有许多事要做：第一件，打墓。按照规矩，主家先到坟地，给死者烧纸钱焚香，告知其子孙前来侍候，希望多给予照顾；第二件：把死者成殓。有经验的女人在家里叠元宝，剪纸钱，在摇钱树上挂元宝白纸条，往棺材里铺放纸张，把里面装饰一下，然后撒上五谷杂粮，把外圆内方的铜钱呈北斗七星放在棺底；然后办事人按照当地的成殓仪式，举行成殓。亲朋好友先祭，四叩首，孝子点纸钱叩首感谢；之后忙工们行礼祭拜，孝子们点纸钱叩首感谢，然后忙工们上前抬空棺入屋，把死者装入棺材，将其生前常用的东西放入里面。准备完毕，孝子及亲朋好友，绕棺一周做最后的分离，最后钉棺，亲人们生死两隔，痛苦不已，儿女同时为死者梳路。这就是所说的盖棺定论。第三件是移丧，把棺材从家里移到大街上。这时孝子孝女就要在大街上为亲人守灵，通宵不眠。第四件，去山神庙压纸钱。据说土地公和山神爷是结拜兄弟，二人要好，而给山神压纸钱，一是为了拜托山神管好狼狗动物等，不要让它们伤害他们的亲人，二是让山神转告土地，人要来了，不要忘记下户口。

葬礼当天，亲戚朋友都会前来吊唁，忙工们接祭，把贡品放在桌子上被抬到灵堂前面，然后在灵堂前面开始祭拜逝者，四叩首大礼，孝子们也要磕头回谢。叩首有规矩，神三鬼四。死者去世三年后，成神，祭奠时叩三个头；未超过三年，是个鬼魂，祭奠时叩四个头。一般而言，娘家人的祭拜是该过程的核心，是整个吊唁过程的高潮。当娘家人来吊唁，孝子们要亲自迎接，孝子孝女磕头行礼在地，若娘家人不发话，就不能站起。等到发话后，忙工们把祭品抬上桌子，四人合抬，排成一列，伴随着吹打哭声走向灵堂，男人先行礼，女人后行，依次进入灵堂。

一般此时已到中午，办事人开始组织亲戚朋友们吃些东西。席面也发生了变化，以前是双十席，最后总会有很多剩菜，现在响应政府号召，变成了四凉四热席，极大改变了以前的铺张浪费。

宴席结束后开始路祭。有十二祭、二十四祭、三十六祭，顺序也是有讲究的，娘家人，第一祭，外甥们第二祭，女婿第三祭等。路祭完毕，起灵。忙工们抬棺，长子领大头，长媳摔瓦盆，摔瓦盆的人选也是有讲究的，瓦盆代表财产，谁摔，说明谁拥有继承财产的权利。其他孝子孝女依次扶棺而行。到了墓地，根据挑好的时间下葬，下葬后，孝子的儿媳必须把食饼罐放到棺材的小头。食饼罐是用来打狗的，尽管给山神爷打过招呼，但也会有不听话的野狗。如果遇到野狗，用食物打一下，就会没事。接着由孝子们填埋第一抔黄土，之后众人开始帮忙，整个葬礼基本结束。

中原地区的丧葬文化是中国典型、标准的丧葬文化，由古代皇室的丧葬仪式演变而来，体现死者为尊。虽然不同地区之间还有所差异，但大体是相同的。

2018 年

一条贯穿水下故土与盘山梓里的扁担街

王洋（2017级博士）

我的家乡在湖北省巴东县，自古许多文人在巴东县留下了众多诗篇，由于巫山山脉的阻隔，长江成了进出四川的必经之路，很多文人墨客不得不流连于此，例如李白、杜甫、孟浩然、白居易、苏轼、陆游等，其中最有名的诗句就是郦道元的《三峡》一文中引的渔歌："巴东三峡巫峡长，猿鸣三声泪沾裳。"此外宋朝名相寇准在巴东任

图1　秋风亭（图片出处：www.badong.ccoo.cn）

知县时，建有秋风亭，许多文人墨客到此游玩。苏辙有诗云："人知惠公在巴东……江亭依旧傍东风。"小时候周边的老人经常给我讲这些文人墨客的故事，不知不觉中就刻印在我的记忆中。

1. 巴东县城区域位置

我小时候一直认为巴东县离重庆最近，因为在街上经常会碰到重庆人或四川人，然而从语言识别中很难分清。但是巴东这里生活方式和饮食口味都有点偏向重庆、四川，这算是我最早理解空间距离的直接感受。后来武汉进入我的视野，可能与我小时候去的第一个城市就是武汉有关。刚开始知道武汉是因为玩具这种直接具象物的刺激。小时候母亲常常去武汉出差，顺便给我带些各式各样的玩具，例如变形金刚、小霸王学习机等，让我以为武汉是一个有很多玩具的城市。当年这对于一个小孩而言，具有特别大的诱惑力。终于在读小学三年级时，妈妈带我去武汉游玩。我记忆中，路上好像用了三四天时间，因为那时主要交通工具是船。当时船很大，大概有三四层，船上有食堂，有舞厅，我和妈妈在卧铺舱。在船上的三四天感觉好像过了一两个星期，觉得时间非常漫长，只有当船到了某些地级市停靠，例如宜昌、沙市等，让我特别兴奋，因为会有一些小商贩上船，卖一些当地食物，其中记忆犹新的就是沙市的干鱼。过峡江的时候山壁两边刻着许多文字，有的文字比人还要高，也有一些诗词，对我而言并不知道那些文字告诉我什么，只是好奇这些文字是怎么刻在崖壁上的。后来从武汉回巴东所用时间要比之前快了许多，很大程度上可能是心理作用。

第一次去武汉的经历证明我早期在空间距离上的主观感受有一定偏差，认为四川（成都）重庆相对武汉而言离巴东县城可能更接近。然而从卫星图上看，巴东县城相对于其他城市离武汉最近，而四川、重庆离得最远。这也可以看出过去印象中的空间距离与现实的空间距离有一定差距。

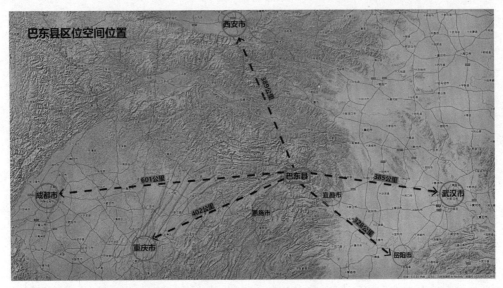

图2　巴东县城与其他城市空间距离关系（国家基础地理信息中心　天地图）

2. 巴东县城的变迁

（1）记忆中的巴东老县城

从我记事开始巴东县城就一直非常热闹，当时县城只有一条街道，俗称"扁担街"。街上大家相互认识，毫不夸张地说，今天你只要穿上一件时髦服装，第二天全县基本都知晓。周六周日上街几乎都是人挤人，交通堵塞。这条街道对我而言承载着特别多的回忆。记忆犹新的就是去新华书店，当时新华书店在打折处理一些图书，爸爸带我去抢购了很多。书店店面不大，店堂里人挤人。从外表看去，"新华书店"四个大字醒目地镶嵌在横木条上，也没有过多装饰；店堂里全是玻璃书柜，导致本来就不大的空间更狭小，因此把需要处理的书都放在店面外供人挑选。我当时抢的最多的就是书上带有漫画的，例如《格林童话》《变形金刚》《猫和老鼠》等。抢购完书以后，我们会去对面的理发店理发。理发店外立面由砖砌成，表面刷白色墙漆，二楼是理发师的居住室，木质结构，坡屋顶。我们沿着这条街道向前出发，会看到一个高大的控电塔，

图 3　新华书店与理发店　　　　图 4　农贸市场　　　　　图 5　巴林商场
（图片出处：巴东之窗）

依稀记得当时这里地名叫"马路口壳儿"。电塔左边是一家卖早餐的店面，那里有一种特殊面点"油馅儿"，用面粉制成再油炸，里面包红糖，非常香甜可口。电塔右边就是农贸市场，总共三层。在我记忆中第一层卖各种蔬菜，第三层卖各种肉类，第二层卖什么已记不清了。顺着这条街再向前走一段，就会遇到巴林商场，对巴林商场的记忆主要来自方便面。小时候第一次吃方便面还不是碗装式，是一种塑料包装袋式，和现在的塑料袋方便面很像。这种方便面里面有三个佐料包：两个酱包和一个调味包；如果运气特别好，一袋方便面里面会有三个酱包。所以每次我会叫父母带我去买方便面碰碰运气。后来康师傅海鲜桶装方便面出现了，就再没吃过这种方便面。由此可以知晓当时购物、办公、生活基本都在这条街道两旁，这条街道承载了市民日常的生活轨迹，最终形成具有地域特色的"扁担街"。

（2）生活中的片段记忆

回顾以前的生活：学校、家、游戏厅算是最有意思的生活场所。我所在的小学历史非常悠久，建立于1838年，我的家人以及很多亲戚以前都在这所小学就读。当我进校时，学校正在改革，刚好赶上校名改为"巴东县民族实验小学"。学校在县城当中面积算是特别大的，从学前班到六年级都有单独一栋楼、操场有三个、游乐场一个、植物园一个，学校后面还有一个非常大的烈士公园。每星期一学校都会集会升国旗，所有学生都聚集到中操场上。在国旗台后面有一栋两层瓦房，我记得二楼是一个老师的居室，这位老师除了上课外也会在这个居室临时卖一些小吃或饮料，因此每次下课后我都会光临这里。小时候放学都是大院的几个高年级哥哥带我回家,因为大家都住在一栋楼里。每次回家我们都要从县政府中间这个门进入,来到一个半围合的露天广场。这栋半围合建筑每个房间都是机关办公室,半围合建筑后面就是居民楼,县长、县委书记、工作人员都居住在后面那栋楼里。政府大门左右各有一栋建筑,左边那栋是电影院,右边是政府餐馆。从政府大门沿台阶而下,眼前的两栋建筑就是政府招待所和巴东旅游策划办公楼。这两栋建筑整体楼层不高,印象中大概四五层,装饰和造型基本一致。左边的政府招待所平常比较冷清,住宿的外来人员不多,工作人员好像也不多。当县里开始筹备人代会和政协会的时候,很多委员和工作人员就会在这起居,猛然一下就热闹许多,进进出出好多人。右边的巴东旅游策划办公楼平时就热闹至极,导游小姐和办公人员随时进出,尤其导游小姐穿着土家族民族服装接待外地游客,有时候会即兴在门口高歌一曲龙船调,或者多人跳起摆手舞迎接游客,非常热闹,许多人会出来围观并喝彩,这些成为童年最美好的回忆。此外,童年回忆中最难忘的就是电影和游戏厅,它们伴随着我小时候的快乐。小时候除了父母带我去看电影,学校每周四下午安排全校看爱国题材电影,所以每周四我可能是回家最早的。电影院后面还有一个批发冰棒雪糕的冷饮厂,出售的冷饮比外面便宜许多,很多同学并不了解,我倒卖过冰棍几次,赚的这些钱等放学后就会去游戏厅玩一阵。巴东县城的第一个游戏厅是由一家夜总会改建而成,旁边是一个木瓦屋,屋里总会听到敲击声,充斥着酒味。我们沉迷于游戏中,对此基本忽略不计。当时游戏厅挤满了人,不仅有小孩,很多年

图6 巴东县民族实验小学

图7 县政府大门

图8 夜总会

(图片出处:巴东之窗)

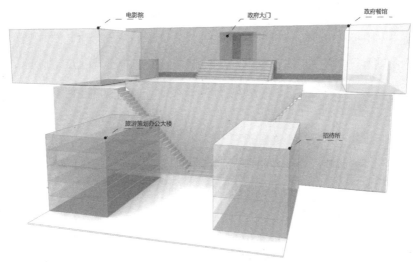

图 9　县政府大门前不同功能建筑分布示意图（自绘）

图 10　老城爆破拆除（图片出处：三峡图片网）

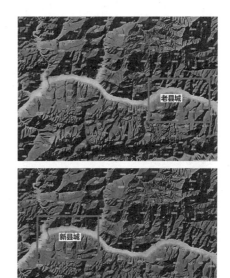

图 11　巴东县城由长江下游迁址长江上游
（国家基础地理信息中心 天地图）

轻人都乐此不疲操作摇杆，周围一些老年人也过来看稀奇。这种场景在后来兴起的光碟游戏室、网吧很难重现。

随着三峡移民搬迁，巴东县城由长江东部的下游搬迁至长江西部的上游，因此许多房子都要拆迁，大量房子一栋一栋被拆除。公家的房子最早开始拆除，那时还没有任何机械化手段，都是人工拆除。后来开始拆迁民房，当时许多老人哭得非常伤心，他们祖祖辈辈居住在这里，不愿意搬离。其中有一位姓向的亲戚，一次吃饭时谈到拆迁，他告诉我：他跟政府说不喜欢别人帮他拆自己的房子，愿意自己最后搬走时用炸药亲手炸掉。至此巴东老县城成为一片废墟被长江淹没。

（3）移民搬迁后的出行

移民搬迁后巴东新县城再也无法看到木质瓦房，到处都是层层叠叠的高楼，尤其从船上望去各种高楼沿山而建，很是壮观。自从我去武汉读书后，回到现在居住地方，交通不断发生改变。第一次一个人从武汉回家，为了赶时间，选择从武汉坐普通的火车到宜昌，然后再转快船回巴东，这样比当时从武汉坐卧铺车回巴东能省下许多时间，同时坐船还能体验一下长江两岸的风景变化。在船上最大的感受就是长江两岸要比之前扩宽许多，江水不像以前那样显黄，非常青绿。天空中的白云可以清晰地投影在江面上。两岸大山绿油挺拔，高桥耸立在两山之间，正如毛主席诗中所云："截断巫山云雨，高峡出平湖。"非常遗憾的是，崖壁上的石刻基本已不复存在。当船离巴东新县城越来越近时，其实内心大概知道老县城位置在什么地方，会感觉船正好经过老县

图12 2007年在船上拍摄

图13 客运快船

（图片出处：巴东之窗）

图14 客运快艇

图 15　江边耸立的建筑群　　　　　图 16　停靠轮渡　　　　　图 17　巴东长江大桥

（图片出处：巴东之窗）

城的某个位置，因为两边的山峰成为有力的参照物。同时视野前面建筑物沿着地势此起彼伏越来越多越来越密。当看见巴东长江大桥上面挂着"巴东欢迎你"时，说明马上就要抵达码头准备上岸。两三年后，快船变成快艇，坐快艇在江面上飞一般的感受，回家的时间又缩短了。无论当年是坐快船还是快艇，停靠的轮渡还是以前那个旧轮渡，小时候第一次去武汉的那个轮渡，算起来也有三四十年了。几年后，宜万高速修通、普通火车改为动车、巴东火车站建成，快船、快艇等水上交通工具也要正式退出历史

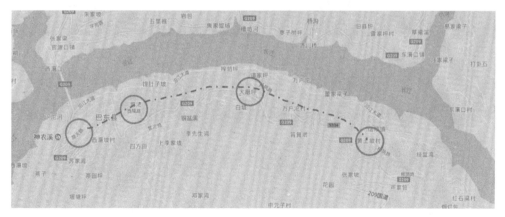

图 18　四个组团（图片出处：百度地图）

西壤坡：行政办公、金融、商贸、医疗中心，城区主要居住用地。

云沱：文教、体育中心，适量的商业服务用地。

白土坡、大坪：无污染或轻污染工业和仓储用地。

黄土坡：商业、居住为主的混合区，严格控制发展。

舞台了。

（5）新县城城市形态

现在的巴东县城是以食品、化工、建材为主的工业基地，是鄂西地区的重要港口并具山区民族特色的旅游依托城市。巴东长江大桥飞架南北，交通便利。从过去一条扁担街发展成现在带状组团式城市结构形态，可以说巴东县城发生了翻天覆地的变化。

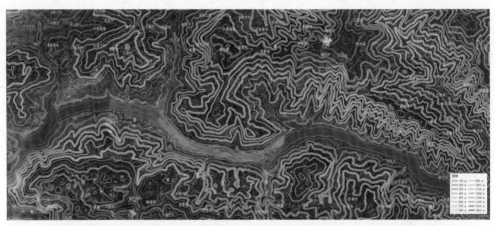

图 19　巴东新县城高程图分布（国家基础地理信息中心　天地图）

图 20　巴东新县城地形坡度图

从图上可知长江南岸由东至西包括黄土坡、大坪、白土坡、云沱、西壤坡五个组团；长江北岸包括西部官渡口和东部东壤口两个组团。组团连接通过桥梁，例如黄土坡与大坪、大坪与白土坡、西壤坡与官渡口等，这也可以看出巴东县城受自然因素影响非常大。

（6）自然环境影响

巴东新城依山而建，因此受自然影响特别明显，尤其山脉走势、山体与山体之间产生的沟壑都对城市形态和布局产生一定制约，并且还需要大量人力物力改造地形。通过新县城的高程图可以看出，新县城地势较陡峭，需要大量人力开荒填平。此外，将高程图转化为地形坡度图，可以看出地形中总共有四条纵向沟壑，这些沟壑成为城市发展的边界。对于打通沟壑所形成的边界，道路交通成为至关重要的手段。过去政府倡导乡村发展，首先进行道路建设，因而也产生了"要想富，先修路"的思想。这种思想对山区城市早期的建立和后来的发展起到决定性作用。

（7）新县城的交通

巴东新城的道路建设受自然因素影响非常明显，道路沿地形等高线横线方向顺势建设，这样的好处在于建设过程中减少了资金和人力成本，但城市中组团与组团之间

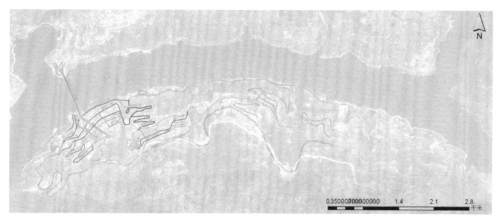

图 21　巴东新县城的道路交通

图 22　巴东南岸与北岸夜景图（图片出处：m.sohu.com）

可达性减弱了。因而前几年巴东县城不断建设桥梁，并通过这些桥梁促进组团间的有效发展。尤其建设巴东长江大桥，对巴东的旅游和经济起到非常大的作用。没有建设巴东长江大桥前，从南岸去北岸，主要通过摆渡船。北岸的经济比南岸落后许多，因为北岸以农村为主，然而北岸却有不少旅游资源，比如神龙溪、官渡溶洞等。自从有了巴东长江大桥后，北岸开始大量修建房屋，从晚上亮化工程就可以看出，北岸经济开始不断增长。

　　利用网络获取商业兴趣点，可以看出商业兴趣点与巴东县城的道路交通走向基本一致。这些商业兴趣点分布在道路两边，越往经济发展区域特征分布越明显，尤其在西壤坡、云沱和白土坡三个区域更加突出。西壤坡是县政府所在地，商业经济繁荣，道路网络要比其他区域更密集，同样商业兴趣点比其他区域兴趣点密集许多。而道路

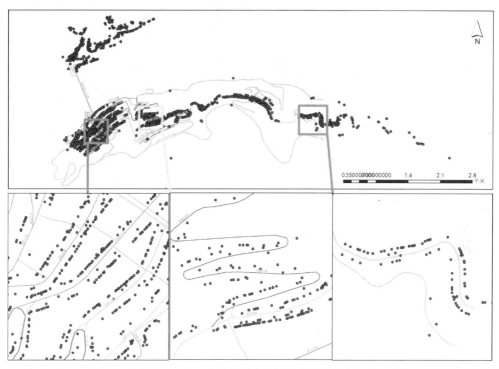

图 23　西壤坡、云沱、白土坡商业兴趣点基于道路的分布一致性

图 24　西壤坡、云沱、白土坡建筑群沿地势分布状况（图片出处：三峡图片网）

交通受地形影响呈现阶梯状，这也导致商业兴趣点同样呈现类似分布趋势，例如云沱商业兴趣点的分布就呈现弯曲状。基于商业兴趣点进行核密度分析，可以看出最高亮面积区域分布与巴东新城城市组团一一对应，同时图中显示红色区域作为商业最集中

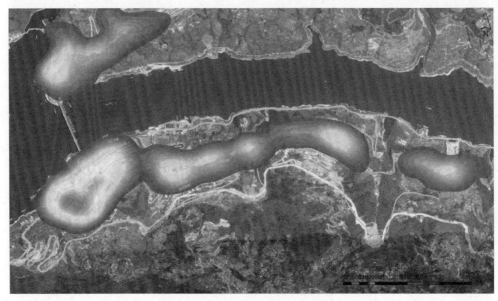

图 25　商业兴趣点核密度分析图

区域，商业核密度分布走势与道路交通、地形地势基本保持一致。

（8）回归数据

为了进一步探索巴东新城城市形态发展中商业分布、道路交通与地形地势三者间的关系，故而将它们进行数值分析。通过矩阵图可以看出商业分布、道路交通与地形地势等两两之间正相关性 R2 基本在 0.9 左右，这说明商业分布与交通、交通与地形、地形与商业分布具有强相关联性，因此道路交通的发展势必会影响城市商业发展。将地形作为影响因子，分析交通与商业 POI 的拟合，从热力分布图可以看出，商业分布与道路交通在地形影响下分为五个部分，而这五个部分与商业 POI 核密度分布一一对应，因此地形的影响在一开始就基本确定了商业形态分布和发展。

3. 后记

巴东移民搬迁后的新城生活相对旧县城生活而言丰富多彩，每到晚上 7 点广场上

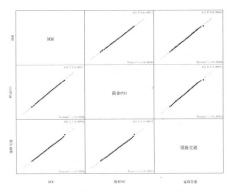 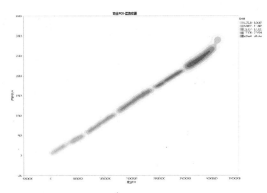

图 26 地形、商业 POI、道路交通相关性矩阵统计图　　　　图 27 商业 POI 与道路交通拟合热力图

音乐响起，人们跳舞锻炼身体乐此不疲。超市里人来人往，货架上商品琳琅满目。交通出行从过去的车船改为现在的动车和短途客运汽车。人们的生活方式与其他城市的生活方式已相差无几，木质吊脚楼已完全消失，新城的居民生活已逐步趋同。因此希望通过回忆过去巴东旧城的生活与出行，以一种主观的方式阐释小时候所听、所看、所闻，将这些印象深刻的往事一股脑从记忆中抽离出来，破碎式描写深刻记忆的片段，将这些片段组成一幅幅场景，回顾现在与过去的差异。

太原街边的桩式共享单车

白靖渊（2017 级硕士）

面对如今互联网无桩式共享单车的冲击，家乡六年前就已兴起的桩式公共自行车，却为何能一直保持极高的使用率、持续"火"？

我的家乡山西省太原市，古称晋阳（龙城），是中国优秀旅游城市、国家历史文化名城、国家园林城市，同时也是中国能源、重工业基地之一。

图 1　原太原古城拱极门

图 2　太原市公共自行车

在我生活的二十多年中，家乡并没有太多变化。然而近五年来，太原的城镇化进程不断加快，城市公共基础设施也在不断完善中。如果来到太原的大街小巷，随处可见公共自行车的身影——橙红色的车身、果绿色的"尾翼"，一袭亮丽、活泼、动感的"装束"，扮靓了汾河穿行而过的古城。

太原公共自行车自 2012 年 9 月投入运营以来，一直是最受市民欢迎的民生工程之一。下面的表格是关于杭州（南方公共自行车利用率最高的城市）和太原的公共自行车相关数据的对比。

表 1　杭州与太原公共自行车使用情况对比

	杭州	太原
自行车数量（万辆）	6.5	2
服务点（个）	2000	516
日均周转率（次/车）	7	11.65
单日最大租车量（万次）	36	37

截至 2017 年 6 月 12 日，太原公共自行车单日最高骑行量达 56.85 万人次，累计骑行量达 4.45 亿人次，在全国"骑"出了免费率、周转率、租用率、建设速度四个第一。

图3　太原市街边的共享单车与公共自行车

寒暑假回到家乡，虽然可以骑"小黄车"等共享单车，但身处太原街头便会很自然选择身边的公共自行车骑行。仔细观察便会发现为何街头共享单车没人骑，而公共自行车却颇受欢迎？

对比自己生活过的两个大城市——烟台、武汉，由政府出资的公共自行车并没有得到民众频繁使用，街边的自行车车桩不少却很少有人骑，车座上落满了灰且车辆发生了不同程度的生锈、损毁。

对于自己家乡的公共自行车为什么"火"，自己也进行了相关的对比思考及分析。

图4　烟台与武汉的城市公共自行车

【政府主导、可靠性大】

·太原公共自行车项目建设资金由政府财政全额投入并统一建设和管理，利于后期维护和发展。与武汉（政府牵头、企业经营）等地有所不同。

·政府出资，可靠性大于现在的共享单车。

【出现较早、租用简单】

·太原市公共自行车出现较早，且老百姓一年四季都有自行车出行习惯，人们已习惯了原来的使用方式。

·相比需要通过手机租用的共享单车，太原公共自行车的租用更为简单（使用公交卡即可租车），便于中老年人群使用。

【固定站点，寻车便捷】

·相比随处停放、被推到小区等处的共享单车，公共自行车需要将车整齐有序地锁在网点内的车桩上，车辆的共享程度得到了极大提高。

·使用时也不会因自行车停放的随机性影响使用，用户会非常明确知道哪些地方有停车桩，每天的使用情况是怎样的，以及到达停车桩所需时间等，这些都是可控的。同时运营公司可以根据各地方使用情况增减单车数量（上班人多的地方移走车辆），从而符合该区域的使用需求。

图 5　停在小区内角落的共享单车

图 6　固定停放点的公共自行车

·调研时太原市民表示：附近什么地点有多少辆车，哪里好取车，哪里方便还，全部门儿清。

【秩序摆放，利于管理】

在构建旅游城市、全国历史文化名城的过程中，相比共享单车的随处乱放，占用人行道、盲道等，市民更乐意街道整齐有序。

【公共自行车网点规划合理】

简单来说，道路交叉口、小区门口、公交站等附近均设有车桩，最初设计时网点分布规划合理便于居民使用，同时软件可实时查询站点信息。

下面通过举例分析太原市公共自行车网点规划

·城市公共建筑周边

 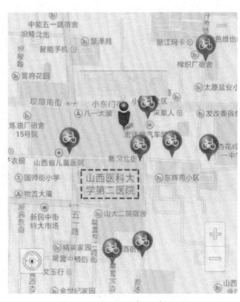

图7　城市博物馆、艺术馆周边自行车网点　　　　　图8　医院周边自行车网点

图 9　企事业单位周边自行车网点

图 10　中小学、高校周边自行车网点

·城市居住区周边

图 11　居民小区周边自行车网点

图 12　街区公园周边自行车网点

·城市商业区

图 13　柳巷商业街自行车网点

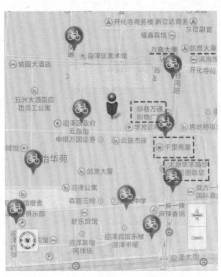

图 14　亲贤北街商业圈自行车网点

·城市主干道（交叉路口）

图 15　城市主干道交叉口周边自行车网点

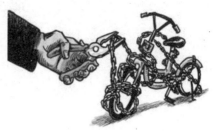

图 16　城市中共享单车的不文明使用现象

　　综上，合理的公共自行车站点设置，服务范围较为精细化是共享单车时代太原桩式公共自行车能火的重要原因之一。

　　最后，无论有桩还是无桩，希望所有人珍惜城市公共资源，不要让共享单车成为逝去的昨天。

他乡"思"故乡

赵苒婷（2017级硕士）

城市发展迅速，街道建筑标准统一，你我是否还记得以前的街巷？寒假旅途中的菲斯古城让我看到保存完好的街道，观他乡反思故乡。

我的家乡位于湖北武汉，小时候一家住在汉口里份，从小听着爷爷讲着关于汉口积庆里的趣事，但我从未见过。这次寒假去的菲斯古城，城市肌理与里份有些相似，当地古朴的生活让我回忆爷爷口中的旧事。

菲斯古城位于北非摩洛哥，当地街道纵横分布，城内分布着七千多条街巷，经过合理保护，里面的街道房屋依附着历史的骨肉自然生长。整个古城在没有被破坏的前提下自由生长，从里往外街巷尺度逐渐变大。从总平面图上看似杂乱，其实邻里相邻、互留通道。城内房屋形制和土楼类似，向内发展，四周是围院、内院是中庭。房屋之

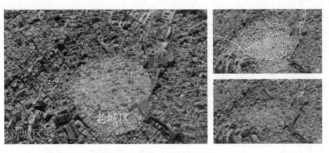

图 1　菲斯古城肌理

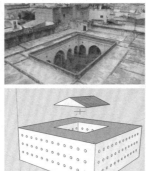

图 2　菲斯古城的行人　　　　　　　　　图 3　菲斯房屋内院

间紧密相连，基本可以做到"屋外逢雨不湿鞋"。

走在菲斯古城的街巷间，来往行人大多头戴尖形连衣帽，无论冬夏，长衣长袖遮蔽全身。特殊的穿着方式是由于当地气候干燥风沙大、夏季容易受阳光直射所致。

由于气候干燥，当地房屋大多抗风性强，房屋呈内向型，四周封闭，内设中庭。居民住在房屋四侧，大多居住空间向中庭方向开窗，很少向街面开窗。平日人们在中庭休憩乘凉。

据当地导游介绍，菲斯古城风沙大且常有地震，这里的建筑用特殊的民间智慧来应对。建筑墙面由鹅卵石呈三角形排列方式交错分布，鹅卵石材料可以提高墙面稳定

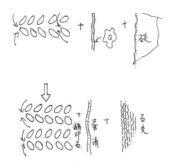

图 4　建筑墙面

性。三角形排列方式可以使墙体遇震感时相互消减力量。同时，当地人会在外墙涂上一层薄鸡蛋清用来防水，最外层采用石灰颗粒防虫侵蚀，这或许是当地建筑多年保存完好，未有太多损坏的原因。

来往街道主要以骡、马、驴为主要运输工具。街道宽度 2.1 米，街道上来往的是嬉戏的孩童和运货的骡马。在这座古老的城市里，人们每天的时间安排如下：

6：00 ～ 8：00　　　　运送货物

8：00 ～ 11：00　　　贩卖手工艺品

12：00 ～ 13：00　　　开始祷告

13：00 ～ 14：00　　　进行午餐

14：00 ～ 18：00　　　贩卖手工艺品 / 当地导游开始四处招揽生意

18：00 ～ 21：00　　　摆摊、餐饮

古镇虽已完全开发，当地人生活方式多元。商人贩卖商品，孩童嬉戏上学，退休老人和无业人员做向导。整座城市呈现现代生活与原始生活的融合状态。他们既售卖现代商品，同时骑着骡马，用古老的方式兀自生活着。大家在被开发过的"世外桃源"中生活。

游客穿梭在巷道里，一定需要向导。因为城内地形极为复杂，但当我们不断穿街走巷时发现了"巷道的秘密"。

图 5　菲斯街道　　　　　　　　　　　图 6　菲斯内街街道

古镇的主路之间相互连通，环环相扣，每条主路独自生长出鱼骨状支路，每条支路生长出独栋住宅。行人在主路与支路间穿梭。从内环的主路逐渐走到外环，倘若本地人要回家，便会走向支路尽头回到自己家里。

当地妇女热烈讨论着香料和好看的文身染料。更有人把轮胎切开，安上把手做成了有特色的水盆。

细想来，这种情景自己儿时也见过，只不过时

图7　菲斯市场

间和地点变成了十年后的国外，反倒感觉新奇和不同。那以前在我的家乡是如何呢？

听爷爷说，在他居住之前房屋是独栋独户，1949年后一栋分成五户，爷爷就是其中一户。当时房屋大多为2层，一栋分为5家，积庆里的住宅连体布置，几十户联成一排，大门对着大门，形成交通弄堂，宽4米左右，可容两辆黄包车错行行驶。武汉夏天极为闷热，那年月没有空调，人们晚上就搬出武汉独有的竹床睡在弄堂里。成排建筑的后门相对，组成生活性里弄，宽不过两米，生活性污水管道就布置在这狭窄的里弄下面。1949年前，这里住着有钱人家，一个门洞一家人。1949年后，房子收归国家所有，分给大家居住，每个门洞就住进了四五家，5家人共用一个客厅和厨房，邻里之间无隔阂，五家亲密如一家人。也有大人物住一个门洞的，例如47号门洞就只住了一家，那是大名鼎鼎的汉剧大师陈伯华。爷爷说，陈伯华长得很漂亮，出入都

图8　市场上卖茶的爷爷

图9　市场上做买卖的妇女

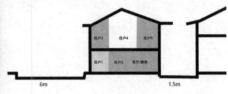

图 10　汉口生活图景　　　　　　　　　　　图 11　里份住宅剖面

坐黄包车。他们笑说经常会去对面街巷里看戏，由于当时年纪小，他们会为爱看戏的阿姨们占座位，趁机赚取小费。

　　但是在"文化大革命"的时候，以前亲密的五家因分属不同派别产生了争执，后来，情况慢慢发生变化，原本的五家最后只剩下一家，至今仍住在老胡同里。还有两家搬走，其余两家将自家房屋租赁出去，就这样以前的里份有了新的组成结构。如今的里份在中山大道保护区内。以前的热闹场景不再，转而形成繁华的商业街，过去鲜活的生活人们也已不再记起。

　　城市的迅速发展让以前的街巷肌理悄然发生变化，可能因为历史事件或因为开发建设。由于身处其中，平时我们没有留意。突然看到他乡的繁盛生活才发现，在开发建设中我们忘却了最真挚的生活方式，即便老街区的建筑被保护，但人们的生活方式却被无形转换。如果我们以前的生活方式被部分保留演绎，那将是另一个"世外桃源"。

失落的土地

袁映荃（2017 级硕士）

土地是乡下人的命根，是乡村的灵魂，而当乡村人口涌入城市、人走茶凉之时，那生养我们的土地又该何去何从？

对于我而言，有两个地方都能称之为故乡，一是伴随我儿时成长并承载童年记忆的故乡，可以说是我的第一故乡；二是我先生的故乡，结婚之后每逢春节都会回去，那里已经成为我的第二故乡。

我的第一故乡位于金牛镇西畈乡袁岗村，隶属湖北省大冶市。2013 年前，几乎每到春节，我们一家人都会回袁岗村，小住上几天，看望一辈子都生活在那里的爷爷奶奶和大伯。修建新房之前，爷爷奶奶都住在老屋里。那是一座一层瓦房，用黄土砖砌筑，屋顶有树干做的木梁，一头粗一头细。平面为三开间四进深，是比较典型的民居形式。木制大门有着高高的门槛。夏天，推开虚掩的木门进入大堂，一股潮湿的凉意迎面而来；冬天，则能感受温暖的炉火气息。直到现在，我还能回想起当年爷爷在炉灶后面生火，奶奶在大锅里做饭的情景。每到吃饭时间，奶奶就会拄着拐来到大门口，扯着嗓子喊着堂弟的名字，叫他回家吃饭。

爷爷奶奶是一辈子的农民，种了一辈子的田地。上世纪 80 年代初期分地之前，村里还是农业生产合作社的组织形式。在土地政策改为家庭联产承包责任制后，各家各户根据人口来分配土地。当时，家里有爷爷奶奶和父亲叔伯共六人，而留在村里的

图1 失落的土地

	祖辈		父辈		
亲属关系	爷爷奶奶	大伯	二伯	三伯	父亲
生活地点	金牛镇	金牛镇	大冶市区	武汉市区	黄石市区
职业类型	务农	务农	教师	出租车司机	公务员

图2 家族成员长居地与职业类型

只有爷爷奶奶、大伯和父亲四人，每人可分得一亩地；其中进行农业生产劳作的是爷爷奶奶和大伯三人，每人可再分得六分地；总计五亩八分地。在没有其他收入来源的条件下，一个家庭六口人只能靠这五亩八分地的收成过活。在杂交水稻全面推广初期，水稻亩产 600 斤左右。按照当时的政策规定，分得土地的家庭，每年每亩地还需缴纳公粮 60 斤稻谷。即家庭每年每亩地可得水稻为 540 斤左右，而五亩八分地便是 3132 斤。每百斤稻谷可产 70 斤大米，每斤大米可售得 0.2 元，即家庭年收入为 438.48 元。

随着城市化进程的推进，城市就业机会增多，就业形势利好，越来越多青壮年离开农村来到城市定居就业。就我父辈四人而言，由于大伯天生残障只能留在乡村务农，二伯、三伯和父亲早早便离开了乡村。这种现象广泛出现在乡村家庭里。可以说，从 80 年代开始，我父辈那代人逐渐脱离了生养他们的土地，失落的土地也初现端倪。

父亲于 1984 年参加工作，月工资 39.5 元，即年收入 474 元。这个数字已超过在乡村务农的爷爷奶奶以及大伯三个人的家庭年收入了。相较于穷苦的乡村生活，城市中相对较高的收入、体面的工作、高其一等的社会地位以及时时变化的新生活对青年时代的父辈们有着巨大吸引力，谁都不愿再回到乡村种地。就这样住在城市里工作生活，一晃就是几十年，就连我都已快到而立之年了。

于父亲而言，乡村的那片土地有着生养之恩，即便已经离开了，但念着血缘的牵绊，每年回去小住已是常态。但于我而言，除了跟随父亲回去探望爷爷奶奶外，只剩下小学、初中暑假回乡度假玩乐的记忆了。如今，爷爷奶奶双双离世，唯一剩下的血缘牵绊已断，除了清明扫墓的例行公事，乡村的那个家我已许久未曾住过了。谁还会想起那曾经的五亩八分地？大概已是杂草丛生无人问津了。

同样的情景也在我先生家里上演。我先生的家乡位于研城镇杨利村，隶属四川省乐山市。他的爷爷奶奶也是一辈子的农民，直至今日已近八十高龄，但仍旧每天种地卖菜，从未离开过那个小乡村。他的父母亲，也就是我的公婆，也是早早就来到城市工作。现如今，他们都与我一样在武汉市定居。

土地养育了我们，而我们为了追求更好的生活逐渐斩断与土地的关系来到了城市。然而，人是集自然性与社会性于一身的，远离了土地，我们总会产生或多或少的焦虑情绪。为了寻求内心的宁静，许多居住在城市中的人们在远离土地之后又开始想方设法与土地重新构建联系。就像很多购买别墅居住的人，只是想要拥有一个自己的院子，

	祖父母→农民	父母→工人	我们→创业	子女
研城镇钟家	杨利村	乐山市	武汉市	?
金牛镇袁家	袁岗村	黄石市		

图3 姻亲家族变迁图

可以闲时种些花花草草。又如我三伯，过去从未务农劳作，如今却在武汉某块空地上折腾出了两分地，每日晨起种菜。

$$土地 \rightarrow 人 \rightarrow 城市$$
$$\downarrow$$
$$自然性 \& 社会性$$

图4 人—地关系示意图

今年春节回到研城镇，放下了工作与学习的压力，我切身体会到心中的焦虑感被田园景色洗刷得一干二净。那种与土地的联系又悄然出现了，心里无比宁静安详。这种变化在小孩子身上表现得更加明显，没有了在城市里的顾虑和拘谨，甚是有种放飞自我的感觉。

我又开始反思，土地是否真的沦为了失落的场所？其实并不是我们不需要土地了，而是以依靠土地来生存的生活模式已经超过了土地能承受的极限。一家六口靠五亩八分地养活的时代已经一去不返。在农业机械化生产已为常态的今天，一个家庭经营百亩甚至千亩农田都成为可能。因此，乡村已无法容纳过多的农业人口，人口外流是必然的趋势。值得注意的是，如今外流人员多为青壮年，而留驻乡村务农的人员基本为老年人。等这一辈老人失去劳动能力时，需要青壮年回流乡村，才能真正保证土地不会沦为失落的场所。

图 5　城市儿童的乡村生活体验

家乡的起居室

陶月莹（2017级硕士）

苏轼说，"此心安处，便是吾乡"。每次回到家乡，大气压强仿佛都变弱了，这里有多年的老友，有爸妈做的饭菜，有充满着整个广场的欢声笑语。

我的家乡在湖北省汉川市，一个不大的小县城。这里没有欢乐谷等大型游乐场，也没有精致的步行商业街，市民们的休闲娱乐都被几个公园和广场"消化"了，城市

图1　广场及公园区位示意图

的公共生活在其中发生；跳广场舞的阿姨，玩旱冰的小孩，踢毽子的大叔和写毛笔字的大爷等，这一切都是居民生活的缩影。公共空间就是承载这些活动的容器。这次回家，我把目光聚焦在城市的公共空间上。

汉海国际的前广场是我家门口的一个小广场，广场南侧是商业综合体，北侧为城市公园。它是作为一个商业性广场出现的，现在却是一个有综合性功能的广场。

广场长宽分别为二十几米和一百来米，面积为2000～3000平方米。平整的广场上唯一的构筑物就是带一圈座椅的行道树。下面是我对这个广场及公园内人的活动做的一些记录。

不同时间人群活动记录：

7：00～9：00广场人较少，主要使用人群是老年人和中年人，主要活动是晨练、聊天和休憩。

9：00～11：00广场停留者较少，穿行者较多，主要人群是老年人和中年人。主要活动是静坐晒太阳、带小孩出来闲逛、买完菜在座椅上休憩与交谈。大量人从广场匆匆通行。

11：00～13：00广场人较多，主要使用人群为中年、青年、儿童。主要活动是等人、在广场上吃小吃、闲聊、逛街、儿童放学路过玩耍等。

13：00～17：00主要使用人群是青年人和中年人，主要活动是一些商场推销活动和小型招聘和相亲活动。

17：00～19：00广场上人很多，但流动性大，主要使用人群是青年人、中年人和儿童。主要活动是等人、小摊小贩在广场周边售卖、商家促销活动宣传、三五成群地闲坐聊天。

19：00～21：00一天中广场上人最多的时候。主要使用人群有老年人、中年人、青年人和儿童。主要活动有歌唱或街舞比赛、广场舞、踢毽子、滑旱冰、玩滑板、写毛笔字、下棋、交友聊天、遛娃遛狗、逛街穿行。

活动类型

体育锻炼	文艺娱乐	大型活动	其他
散步、爬山	乐器	文艺比赛 (广场舞比赛、军 鼓大赛、歌唱比赛)	交友
做操、太极	唱歌	相亲会	聊天
健身器材	跳舞	招聘会	商贩
踢毽子	练毛笔字	推销、广告	遛娃
羽毛球	下棋	露天电影放映	休憩
轮滑、滑板			拍照
陀螺			观景

图 2　广场及公园内人的行为活动记录

21：00 ～ 23：00广场人群慢慢散去，主要活动人群为中年人和青年人。主要活动是刚看完电影或是等待电影开场的人群在交谈、玩滑板和轮滑的青少年、跳拉丁舞的青少年等。此时，广场的一天也基本落下帷幕。

以上统计为晴朗天气进行，如遇上大雨等恶劣天气，则广场会是另一番景象，除了通行的人，是没有其他活动的。

该广场空的场地面积大且平整，可供老年人跳操，中年人跳舞，青少年滑冰、滑板，在周末和节假日还可以举行赛事和演出，也可供商家进行促销活动。广场兼容性和弹性较好，使用率高。但广场缺少文化元素，没有自身特色；缺少无障碍设计，婴儿车和轮椅出入比较困难；广场周围车辆较多，存在安全隐患；广场缺少互动景观等装置，也没有抵御恶劣天气的构筑，空间品质不高。

不可否认，这个广场的设计确实存在不少问题，尤其需要注意使用人群的变化。随着人口老龄化加重和二胎时代的到来，须设置更多人性的适合老年人和幼儿活动的空间。此外，希望广场除了人的活动能有一些更深层次的精神上的东西，如香港的时代广场，香港人的生活深深融入其中，虽然尺度很小，却将香港时尚、繁荣的都市生活风情演绎得淋漓尽致。

总的来说，广场，就像家里的起居室一样，是最具公共性、最富艺术魅力，也是最能反映现代都市文明和气氛的开放空间，很大程度上体现一个城市的风貌，是展现城市特色的舞台。但在这样的小镇里，设计与艺术是很缺乏的，最打动人的地方还是人的活动。是人让这个公共空间活了起来，每次看到广场上歌舞升平的场景，都能让我忘却所有的压力，感觉到家的温暖。愿故乡的小镇永远热闹，愿城市的公共空间把普通市民作为主体，健康发展。

家乡的变与不变

周苗（2017 级硕士）

　　我的家乡位于湖北汉川杨林镇，从记事起到现在家乡发生了很多变化，其中最主要的是 1990 年代和 2000 年代两次大量建新房。

　　家乡的老房子是爷爷和当时村里的小伙一起修建的，没有统一规划设计，形态多样，道路组织灵活，多呈网状；住宅和田地分开。

　　房子之间距离较大，每栋房子都有前院和后院，完全开放，前院可以用作晒场，后院一般种植绿化。

图 1　上世纪 70 年代所建住宅现状

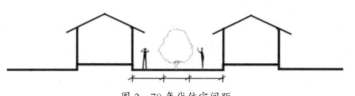
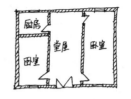

图 2　70年代住宅间距　　　　　　　　图 3　70年代住宅空间布局

居住空间是传统的堂厢格局，中部堂屋，延续祭祀文化，过节时在堂屋进行祭拜。轴线对称，两侧卧室，进一步划分为厨房和储藏空间，旱厕独立于住房外。当时老人住一间，孙子和父母住一间。小时候的除夕夜，总是等到堂屋摆钟敲响12下后，才会去燃放鞭炮迎接新年。直到现在，爷爷总会回去打开门，让房子透气，拨弄一下家里的摆钟对准点，等到发出声响后，才关上门离开。

前后院是居民的公共活动空间，也是邻居联系感情的主要场所。白天大人去田间劳作，有时也会在前院打谷子，晚上，邻居们会聚在一起纳凉、闲聊，小孩子则在一旁追闹。

1990年代，公路大量修建，为追求交通便利，居民保留原有的居住用房，在新建公路两侧修建新房，住房联排布局，道路由自由灵活变为鱼骨形。住宅仍是自发修建，建筑高低错落，新老并存，没有规律。公路多修在田地边，因此，住宅紧挨着田地，干农活也更方便。

每栋房子仍有前院和后院，住房与公路间以前院分隔，居民利用公路车辆来往，将公路用作晒场，虽然危险，但省去了打谷子的人工。前院尺寸变小，后院紧邻田地。

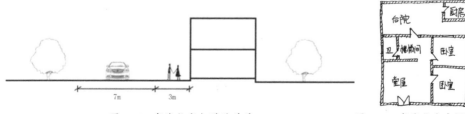

图 4　90年代住宅与道路关系　　　　　图 5　90年代住宅空间布局

居住空间中堂屋仍然保留，但不再轴线对称，但祭祀文化仍延续。卫生间纳入住宅内，有的厨房独立住房外。新家具置入形成的新空间取代原有的空间模式。空间格局改变，居住方式也发生改变，这种住房多为子女结婚时新建，二楼均为新人住，老人与父辈住在一楼。

后院由围墙围合，是家庭的内部活动空间，一般还承担储藏和家务空间。前院是主要的公共活动空间，有的房子旁会有一个池塘，里面种满了荷花。村里的小孩子都会用大木盆当作船，去摘荷花和莲蓬，或者钓虾捉鱼，甚至会跑到江水边抓螃蟹。吃完晚饭，端着小板凳坐在房前院子，乘凉、聊天和看星星，偶尔，还能看到一两只萤火虫。

到了2000年后，随着私家车增加，住房区位不受公路交通影响，加上务农人减少，农田减少，有开发商在荒地和废弃田地上统一规划修建商品房。由于参照统一样式建造，立面和高度轮廓整齐，退进一致，有着良好的连续性，但界面略显单调。

每栋房子间相距较近，加上有阳台挑出，空间有一定压抑感，住宅前院需要满足车行要求，使得前院其实很难形成聚集空间。从某种意义上讲，住宅只有用围墙围合的后院，但邻里间依旧会在门前聚集，丝毫不受车辆影响。

居住空间在1990年代基础上有一定改变，厨房和卫生间均纳入住房，堂屋仍然保留，有的是老人居住在一层，有的是将一层完全用于待客空间。

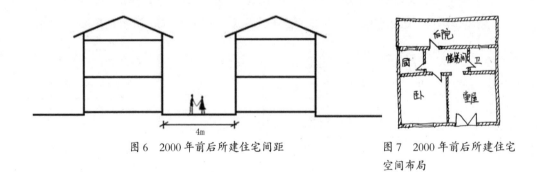

图6　2000年前后所建住宅间距

图7　2000年前后所建住宅空间布局

主要公共活动空间不再是房屋前后，而是新建的公共休闲广场，里面增设了各种体育休闲设施，还有一个舞台，在一些节日，镇上各村会派出代表进行演出。年轻人有的在广场上放烟火和孔明灯，有的打篮球和乒乓球，老年人散散步，累了就在亭子里休息，而更多的小孩拿着手机玩游戏。活动与之前发生了很大改变。

我的家乡没有名村名镇那样优美的环境和独特的民俗，却展现了社会发展进程中普通乡村的发展状态。居民生活水平提高，思想更加开放，由此引起了生活习惯的变化，但家乡的生活方式和文化传统等形成了特有的农村文化和空间氛围，如：居住空间再怎么改变，堂屋和祭祀仍然保留，即使前院狭窄，仍能看到一群群认识或不认识的居民闲聊，每到过年，会相互帮忙挂上红灯笼和贴上对联等，正因为这些特有的氛围我们才期待"回乡"。

关于家乡的三个时空"概念"

傅涵菲（本科一年级）

　　在乡村建设和城市发展过程中，问题是无法避免的，最重要的是有人去发现和思考，并从源头上解决这些问题，才能让我们的家乡发展越来越好。

　　从小就在家乡吉安永丰的小城镇长大，同样的一条路不知走了几百遍几千遍，伴随着我从小到大的变化，身边的风景、建筑、环境也在悄然变化着。我深深体会着这

图 1　迎宾大道 2013 年的样子

图 2　迎宾大道现状（2018）

种改变，也曾经有着对新变化的欣喜或排斥，当我第一次想要记录这种变化时，却发现习以为常的人和事，变得有些不一样了。

1. 街　道

我一点点看着中心主要街道的改变：大圆盘重新种植绿化，建起雕塑，逐渐有高楼建起，路中建起围栏，铺设交通线……印象最深的是初中看着旧房子外表一点一点被刷上新漆，生出一种莫名的怅然若失感，历史感的居民楼与艳丽彩漆的搭配反而更加逊色。每天经过的时候，我都在想，我的家乡是否因为这些变化变得更好，我是否因为这些变化而更喜欢我的家乡了？十几年前的老房子并没有因为重新粉刷外墙而根本上焕然一新，反而失去了我所怀念的小时候的味道；道路的混乱与拥堵似乎也没有明显改变。问题的答案我不知道，但我希望又五年后，我能给出肯定回答。

2. 乡　村

每年大年三十，我都会去离城镇很近的派下村的爷爷奶奶家吃年夜饭，今年第一次认真体会，发现它已不是小时候真正的农村模样。田野不再是儿时那样的无边无际，

图3　村里的房子和远处的高楼

而是被远处的高楼占据了视线。

孤·清

大年三十，一个人的奶奶、牵着孙女的婆婆和自己玩的小男生一路只听见风吹过耳旁的声音，却少有人的寒暄和欢笑。虽然有新的高房子，有更好的生活，却缺少了陪伴。即使是在大年三十这个应该团聚的日子。农村的发展虽然加快，也在加速城镇化进程，但是越来越多年轻人还是选择走出去，留下老人、孩子、孤清的村庄。

新·旧

在乡下最深的感受就是新与旧的结合，新房旧屋，新房旧人。

从黄色土砖屋到灰白未粉刷的水泥砖，再到瓷砖外表的新房和一幢幢拔地而起的

图4　肖家路上近处老的土屋与远处新的混凝土房

图 5　新房与旁边的老屋只有一廊之隔

图 6　近处农村的矮楼与远处城镇的高楼

土坯房

图 7　瓷砖外表的新房和拔地而起的高楼

图 8　欧阳修步行街上的欧阳修雕像今昔

143

高楼，城镇化的发展过程在同一个地方体现，呈现一种没有明确风格的村落风貌。也许它还有很长的路要走。

3. 后 来

家乡发生巨变后的故事，变得有些不一样。人的思想和素质，对应的环境治理措施，没有跟着它的发展而进步。

作为唐宋八大家之一欧阳修的故里，家乡的每一个角落都离不开他的影子，恩江河畔的永叔公园、欧阳修大道上的欧阳修广场、欧阳修步行街等，到处都有欧阳修的印记，却没有"印"在人们的心里。我们以欧阳修为豪，却做着违反他高尚人格之事。或许文化的传承，并不只是表面，更重要的是进入传承者的内心，这才是精髓所在吧。

每次到爷爷奶奶家，我都喜欢去村里恩江河支流边上走走。河岸边"老少齐建卫生村"的口号存在了十几年，我却在这十几年间看着这条儿时可以游泳洗衣的河慢慢变得垃圾成堆，无人靠近。

家乡改造后期的使用与维护，空喊口号与实际行动的鲜明对比，也让我有些许失望。在乡村建设和城市发展过程中，无法避免各种各样的问题，最重要的是要有人发现，有人思考，有人从源头上解决这些问题，才能让我们的家乡发展越来越好，才能让我们回忆起儿时游泳的那条河时，它还是熟悉的样子；怀念起与邻居小伙伴看的那场露天电影时，还是一样的温暖。

中心花园增添了红色雕塑，并没有感到变得文化，欧阳修的雕像被破坏，似乎连文化的符号都被弃置了。真实具体的环境——卫生村只是墙上的口号，日常生活中孤独的老人感觉家园在远去。也不知为什么第一次记录回乡的感触，冒出的是这三个关于空间和时间的"概念"……

老家澳门繁华背后

李咏锜（本科一年级）

繁华背后，平凡生活中揭露不一样的澳门。

寒假回到了我的老家——澳门。

图1　澳门地标，高耸的旅游塔

图2 大三巴牌坊，澳门最热门景点之一　　　图3 人流量非常多的景点之一，议事庭前地

　　澳门，一个国际都市，素有"东方拉斯维加斯"之称，包罗万象。提到它，可能给人第一印象都是"赌"——各种赌场金碧辉煌，人们在里面纸醉金迷，乐不思蜀。至于提到澳门市民，人们可能都有一种误解，认为他们都不愁吃喝，因为政府每年都会"派钱"。

　　作为热门的旅游胜地，澳门当然不只有许许多多华丽的赌场，还有很多经历时代变迁的名胜古迹，它们的所在之处大多时候都挤满了人。不得不说，博彩业和旅游业给这个原本是一个小渔村的城市带来了巨大的经济效益。

　　然而博彩业与旅游业的蓬勃发展给居民带来负面影响也同样巨大。在澳门这个弹丸之地，每天都有成千上百万游客来来往往。所幸大多数景点都不会太接近民居，赌场更是绝大部分建在远离民居的地方，减少了一点困扰。

　　的确，澳门是一个充满魅力的城市。但是，我看到的却不只是这些表面的光鲜亮丽。

　　我在这个城市生活了十几年，见证了它的一些改变。拿一件小事来说吧，我家阳台面对海景，小时候从阳台向外看，一大片海景，好不舒服。但是后来建了一些标榜着一定看到"海景"高档住宅区，硬生生把半个海景挡住了，倒也还好，至少还有半

蓝色为居民分布，紫色为景点分布

蓝色为居民分布，红色为赌场区分布

蓝色为居民分布，紫色为景点分布

图4　景点与居民分布图1　　　图5　景点与居民分布图2　　　图6　赌场与居民分布
（大三巴牌坊一带）　　　　　（妈祖庙一带）　　　　　　（威尼斯人酒店一带）

（a）

（b）

图7　前后（右）视野对比

边海景，不是吗？近几年来，连我家大厦前那块搁置很多年的土地，也终于建起了一座高耸的大厦，呵，也不知道一平方米要卖多少钱呢？硬生生地把我家仅有的半个海景也遮蔽了，只看到小小的一块海水在涌着。

　　而身为澳门的原住民，我又怎么可能会像游客一样，热衷于流连各种景点或赌场呢？寒假时，我的生活就是——每周参加礼拜，结束后挤上很多人的巴士回家（旅游业带来的影响）；偶尔在青年活动中心的篮球场上打打球，那里有屋顶，不怕日晒雨淋。更多时是回到母校中学的室内球场跟朋友们一起打球，那里地板光滑，不粗不糙，不是外面的涂漆硬石地，打起球来非常舒服。打完球回到我那两室一厅的家里，喝一碗妈妈熬的热腾腾的汤，吃一顿简单而美味的饭菜，嗯，幸福。

如果你问我澳门有什么好吃的，我绝对不会推荐你去哪间高档酒楼或咖啡厅。噢，

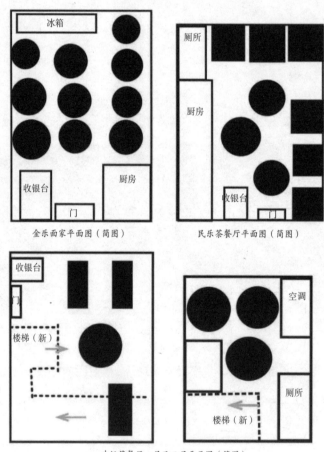

金乐面家平面图（简图）　　　　民乐茶餐厅平面图（简图）

珠记茶餐厅一层及二层平面图（简图）

图 8　澳门普遍的茶餐厅室内空间分布

佑汉的那家金乐面家牛肉面可好吃了，还有我中学那边的那家民乐茶餐厅那里的滑蛋牛肉饭、烩鱼饭，便宜又好吃。

　　茶餐厅的装潢当然不及酒店那般高大上，但胜在实而不华，坐得无拘无束，而且在澳门这个寸土寸金的城市，每个店家都想尽办法把空间用到极致，桌与桌之间距离能少则少，所以大多茶餐厅能走动的空间实在少之又少，说好听的，更能拉近人与人之间的距离，然而实际上就是——挤。

　　那时跟一大群朋友去一家珠记茶餐厅吃晚饭，那里地方很小，一层放四张小桌子，虽有两层，但是二层的地也只够放三张大圆桌，而桌与桌之间几乎没有让人走动的空间。那时一进去我就感觉到哪里不同了呢？记忆中一层的地面面积没有这么小，起码能放五张小桌子。一看，原来是新修了楼梯，原本楼梯又窄又斜，直上，生满铁锈，每次上去小心翼翼，现在新的楼梯加大加宽了，也加入了转角位，上去时就安心多了。

　　其实澳门除了那些光鲜的建筑，寻常人家的公寓、小楼也很值得观察，还有好多充满年代感的屋子、街巷、店铺。如此种种的建筑物，更能凸显澳门特有的风格、魅力。每次坐巴士经过，或是散步经过时凝望着这些破旧的、被时间一点点摧毁的建筑物，我总觉得看着它们就像看着一部电影，在它们身上上映的种种故事，赋予了它们生命。

　　还有一次，在跟朋友在外面散步时，我发现了一栋大厦，它的走廊是外置的，没

图 9　茶餐厅新修的楼梯

图 10　平民大厦

有任何遮掩，家家户户门都在走廊上，行人一览无遗，这样的走廊免不了要受到风吹雨打。我很惊讶，现在澳门居然还有这种建筑，一看便知道这是一栋"年代久远"的建筑，因为澳门楼房走廊多是内置，不会裸露在外。我问朋友知不知道这栋建筑，她说有一次做义工时上去过，那栋大厦叫"平民大厦"，住在那里的基本上是一些独居老人，我暗叹。

　　澳门尽管有林林总总的华丽建筑，里面灯红酒绿，纸醉金迷，但在那繁华背后，更多的是脆弱、老旧的建筑，那里有人生百态。也许当你凝望那些建筑，它们所回馈给你的那些微妙的、不可言喻的感动，正是它们想向你诉说的故事。

2019 年

留不住的乡村记忆

何盛强（2018 级硕士）

寒假，像往常一样，回到了我的家乡——顺德的一个小农村，上地村。

土生土长的我从初中开始，大部分时间生活在县城，上大学以后更是很少回家。家乡的变化，以往在我眼里只是匆匆带过，很少思考变化背后的原因。虽然家乡素有"水乡"之称，但是这几年的变化，却使我有感水乡特色正发生质变。

1. 记忆中的黄皮树

很难想象，人对一棵树的情感能有多深，而我对巷尾的黄皮树总是念念不忘。巷尾社厅（类似支祠功能）对面原来长有一棵黄皮树，刚好立在转角，树龄已难以考证。

图 1　上地村入口

图 2　重要建筑分布图

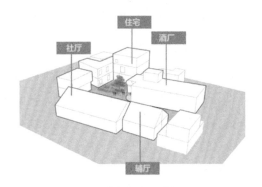

图3 黄皮树被砍前格局图　　　　　图4 黄皮树被砍后格局图

从我记事开始就一直生长在那，无论春夏秋冬。每次路过这里，我总会抬头看看黄皮树长得如何，是否会有鸟窝，是否结出果实。夏天经常约上小伙伴，趁大人午睡时偷偷爬上树去摘黄皮。附近相熟的居民也经常在树下交谈、抽烟，仿佛黄皮树是大家约定俗成聊家常的地方。黄皮树下是一片荒草地，经常看到小孩子在那里捉蟋蟀，寻四叶草等。

　　前几年回家，看到这里全部被夷为平地，尽管每年的习俗活动这片地方热闹非凡，熙熙攘攘，但场地平时空空如也，也只是用来堆放杂物。居民们不再在这聊天，小孩子也缺少了玩乐场所，更听不到欢声笑语。

图5 "迎圣驾"活动（1）　　　　　图6 "迎圣驾"活动（2）

2. "被抹去"的公园

离牌坊不远有一幼儿园，毗邻村里的三进宗祠而建。幼儿园和宗祠前原来是绿意浓浓的公园，占地挺大，三个亭子加上绿化和游乐设施，从桥底一直延伸到巷口。想起以前我在幼儿园和小学念书的时候，放学后总少不了在公园里玩耍一番，哭过笑过，也曾被父亲赶回家学习。早晨和傍晚附近的村民也经常到公园散步聊天，流水绿荫，非常惬意。公园里曾植有一棵4层楼高的木棉树，夏天掉下来的木棉洗净后可以熬粥。公园已成为周围居民生活中的一部分。宗祠和公园组成的空间格局，大气灵动，景观层次丰富，早已成为村里一景。

这一景存在的光阴也不是很长久。前两年回家，公园全部被夷为平地，用作停车场，变化之大，令我心痛。问及父母才知道，原来每年村里的习俗活动——"迎圣驾"，路过宗祠祭拜时总会拥堵，周边也没有足够宽敞的地方容纳，而且村里小汽车也越来越多，村民们干脆就把公园推平为一大片空地。这貌似"合理"的做法，却一点也不"通情达理"。

3. 消失的天井

顺德传统民居留有天井，通风散热。天井里又会挖井，井深而水净，冬暖夏凉。童年时穿家过户，经常会看到家长们在天井洗衣洗菜，或烧香祭祖。天气炎热时还会

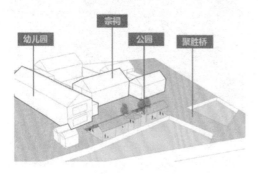

图7　公园被拆前格局图

图8　公园被拆后格局图

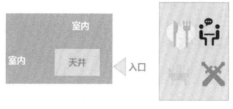

图 9　天井生活意向图

图 10　新建民居图

搬到天井去吃饭。天井面积如果较大，小伙伴们还会约在一起嬉戏娱乐。更有房屋主人在天井挖池养鱼，摆弄一些盆栽，设置一些小品。天井构成了家里老中小成员温馨的共同记忆，成为难以排遣的情结和情感寄托。天井的设置，对整个房屋起着良好的宜居调节作用。这种"调节"被国内外许多建筑专家戏称为"呼吸"，这种带有天井的老房子可以说是会"呼吸"的绿色生态建筑。

现在随着地价上涨，新盖房子留有天井就很不划算。为了取得更大的建筑面积，村民们都努力把房子建得很豪气，犹如一个堡垒。仿佛大家都在争着房子要高过邻居。虽然这种做法可以理解，但把老一辈人造房的智慧丢掉了，完全就是一个模子建起来，不仅通风不畅，而且光线较暗。

C. 亚历山大在《建筑的永恒之道》中说："一个地方的特征是由发生在那里的事件所赋予的……是这些时刻的活动，参与其中的人，以及特殊的情境，给我们的生活留下了记忆。"

那些熟悉的大街小巷、古桥老宅、风俗爱好，就是乡村历史文化的载体，也是乡村的记忆场所，留下的是乡村一代代人日常生活的印记。乡村中的记忆场所，是触发人们对家乡认同感和归属感的对象。

城镇化的推进过程中，我的家乡也受到了不同程度的影响。对乡村的部分记忆，或许只能存在于脑海里。但人们需要记忆，乡村也需要记忆。家乡的建设和发展不可阻挡，我更希望家乡在提升形象的同时，也要把大家心中的记忆场所保留下来，并进行保护，不仅留下熟知的场所，更需要留存浓厚的情感和共同的记忆。

"市"与"城"——家乡集市游

黄丽妍（2018 级硕士）

碧海蓝天的宜居环境是威海的城市名片，每每提到家乡，多数人直接的反应就是：威海是个好地方！

我的家乡威海市文登区，位于山东半岛东端，因秦始皇东巡"召文人登山"而得名，对一个土生土长的文登人来说，享受的是平凡朴实而又富足的慢节奏生活，这个尚未完全城市化的"城乡接合部"有着自己独特的烟火气息。

小县城里的连锁超市早已蔓延开来，但是要论"购物"，还是集市比较齐全。家乡传统的集市日益繁荣，不仅有大家熟知的定期集市，还有越来越多自发形成的早市、夜市等。

1. 早 市

假期必备技能之防火防盗防老妈进屋喊你起床。

距家 400 米就有一个常年的早市，起初只是两个小区间的一条普通过街道，宽度有八九米，前几年修整后，两侧有宽阔的人行道区域供摆摊。

时间：5：00～8：00

起源：自发形成的交易市场。

地点：多为居住区中间的公共窄街巷。

图 1　早市位置及场景

服务对象：周边居民区，主要满足其日常食物需求。

管理部门：各小区物业管理，摊位分布于街道两侧，摊位小而密，分为固定摊贩（签过长期协约）和临时摊贩（来摆摊就征收两元摊位费）。

线路 1: 商贩们摸黑从家里出发，全职商贩开上小货车去市区南边最大的蔬菜批发市场进货再转向早市贩卖。

线路 2: 自产自销的农民为了保证食材新鲜，三点就起来采摘再直接赶去早市售卖。

天刚蒙蒙亮，空荡的街道，最早支起的早点摊飘来了清晨的第一缕炊烟，陆续到

图 2　线路示意

图 3 早市摊位

来的小摊贩们先会在他家点上一碗豆腐脑两根油条。摊贩们来自市外一些村庄，卖的也多是一些自产的农副产品、早餐、豆腐等。

热衷赶早市的多为中老年人，推着人手一个的标配购物车从六点开始陆续抵达"战场"，为一天的饭菜准备食材，偶尔也会顺路买上全家份的早点。

对城镇交通系统不会产生太大影响，但过于嘈杂的市场会对沿街居民生活产生一定影响，好在卫生环境方面小区管控较为严格，并不会有大的破坏。

2. 定期集市

赶完早市依然有购物欲望的可以转战附近的定期集市，早市的小摊贩们也根据日期开始奔向各集市……

距家 1.2 公里的天福集市每月逢阴历"三、六、九"就开。

图 4　定期集市位置分布及场景

时间：每旬逢"三、六、九"或"一、四、七"或"二、五、八"为集市日期。定期集市往往开展半天，上午早市之后的八九点是人群高潮，过午就开始陆续收摊。

起源：作为人文方面因素考虑在城市规划中。

地点：位置固定，集市自身规模较大，位于几大居住区之间，公共性更强且服务半径更大。

服务对象：以其为中心放射状辐射周边多个社区。

管理部门：由城镇的市场管理局监管。

大概统计了一下现市区内几个集市位置和布局关系：整体看来集市布局较分散且均匀，和住宅组团紧密联系在一起，和集中的商业区呈现"互补"。

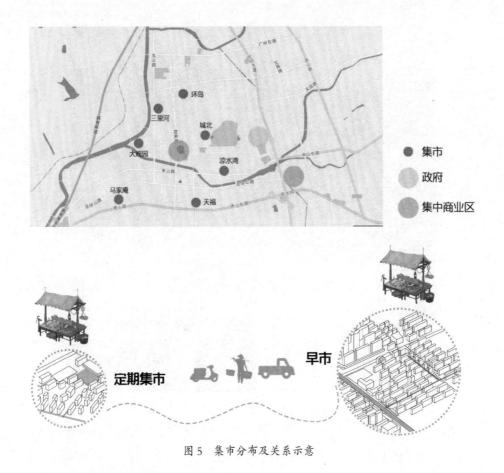

图 5　集市分布及关系示意

　　商贩们从早市拉着货物穿过城市的大小街道赶去附近集市，集市的老卖家早早就占领了风水宝地，后来赶去的就只能窝在一些边缘位置……

　　定期集市售卖的产品种类更齐全，不仅有新鲜果蔬、海产品，还有一些五金配件、生活用品等。

　　售卖者多是职业商贩，也有一些鞋匠、理发匠靠着手艺赚钱，由于农民自产的商品数量难成规模，在大型集市上就缺乏竞争力。年轻人此时大多上班工作，逛集市的仍以老人居多，他们未必有明确的购买目标，但集市的商品价格相较早市便宜一些，

图6　集市

这对他们来说有很大吸引力。

　　尽管这种定期集市对城镇交通产生了一定干扰，但很庆幸政府支持，使得这种真实的市井生活内容被保留下来。

　　挨到了中午，小贩们选择就近的一些摊位简单吃饭，也有自带干粮或饿着肚子再撑一两个小时就收摊回家。

图7 集市对交通有一定干扰

夜市：

并不是大家脑海中的小吃一条街和夜宵集中营，而是实打实的夜场赶集。

距家500米的宋家沟夜市经营。

商贩们在集市结束后多数返程回家，而货量较大的就以流动摊贩形式游走于城市的各个角落，待夜色降临，在附近夜市站好一天最后一班岗。夜市售卖地点多为小区间的公共巷道，管理方式、商品类型多和早市类似。上班族下班时顺路采购一点，或是一家人夏季饭后出门溜达闲逛买一点，消费群体稍年轻一些。夜市商品销售价格相对较高，但八点后一些不易储存的食材就会有很大折扣。

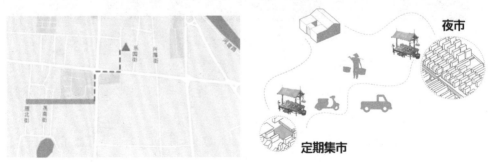

图8 夜市分布与示意

图 9 晚市

3. 思考与展望

如今集市不再是过去那样不同层次市场之间商品的双向流动，集市主要承担外部商品输入这种单向流动功能，集市越来越依赖于居民的需求而存在和发展。

（1）家乡集市繁荣的条件

供应：文登区境内是典型的低山丘陵区、四季分明，利于农作物生长；家乡依然大面积保留着传统小农经济生产方式，规模较小，缺乏广阔的销售渠道，往往选择就近集市销售，在集市上流动经营是农民就业或兼业的一种主要途径。

需求：文登市区由农村发展而来，消费人群多是因进城工作而定居，依然保留着赶集等风俗习惯，追求物美价廉的实用性消费观；同时自发形成的集市分布密集，无论从选址还是售卖货物类型都充分适应了居民的日常需求。

（2）游走于城市的小人物

"市"与"城"是不可分割的整体，虽然随着社会生产的发展，时代的变迁，集市慢慢被越来越多商场所代替，高楼林立的现代都市正无情吞噬着这群每一天都在努力生活的小人物。他们活得低调而热烈，快乐游走于城市的各个角落，根据定期集市的日期不同，路线也经常变换，一人一摊一点，日出而作日落而息，穿行于大大小小

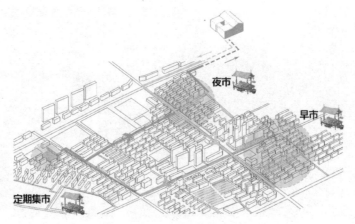

图 10　城市与市集关系示意图

的城市街道，串联起一个个住宅片区，城市有这群游走者的地方就充满了生气。赶集已成为老一辈人生活中不可或缺的一部分，不用电子秤但从不缺斤少两，小城镇集市的欢快氛围体现出市井文化的价值。庆幸家乡的集市还依旧繁荣，敬仰这群游走于城市的小人物，活得自我活得热烈。

　　我们热衷于反复修改这城市的容貌，使它充满秩序和仪式感，但往往打动心灵带着"家"的味道的似乎还是那些杂乱的非正式感。我们游走于大江南北，但回想那些清晨人头攒动的生鲜市场，夜晚弥漫香气的路边摊贩，这些最平凡的小城烟火气才是奔波在外的游子最挂念的家乡味。

图 11　街道与市集

修祠堂这事儿

王宁（2018级硕士）

"坑子内的祠堂比总祠还棒啊！"

"我们祠堂门口大坪集合！"

"其他乡的人都知道我们修了个很棒的祠堂！"

图1　祠堂分布

这些与祠堂相关的话题这几年经常出现在我们村的宗亲群里。

这便是我的家乡，一个位于江西省赣州市赣县区南塘镇的小村子，名叫坑子内，意思是一个山窝窝的地方。名字虽然有些奇怪，但以地域形状、标志物等作为村名的习惯自古有之。坑子内实际上是一个自然村中的一小片土地，在过去计划经济时期属于当地国营农场里的第三小组，所以父辈人也叫它坑三组。它属于南塘镇下辖田南村，但是南方地区因为大量山地阻隔而形成的自然村因面积过小，无法独立成为行政单位，故坑子内同样属于田南村下辖的千山自然村。坑子内有一条溪水从南边的山谷里往北流向田南村，民居依水而建，顺山谷排开，可以说是一个世外桃源。

2016年村里的祠堂因一场大雨倒塌了一半，藏在祠堂正厅案板下的族谱也不知去向。对于宗族观念根深蒂固的家乡人民来说，这可是件不得了的大事，重修祠堂便迫在眉睫。我父亲在家族里人缘和品性都很好，顺理成章就被乡亲们推选为重修祠堂理事会的理事之一，我也因此对家乡的祠堂有了更多了解。

自从前年村里大伙一同把新祠堂修好，连同族谱也重新编制，祠堂在我生活中出现频率更高了。平时但凡涉及村里一些公共活动的话题，总不可避免提及祠堂。不管祭祖、过年、集会还是红白事，都在这里有相关仪式与活动。其他公共活动若需要场

图2　祠堂建成外观

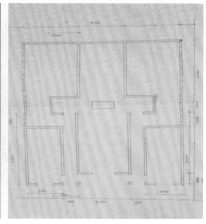

图3　祠堂平面图

地，大家也首先想到它。作为家家户户筹款建成的房子，祠堂不仅在村民生活中发挥作用，而且村里人的关系也慢慢因为这个祠堂变得更加紧密和融洽。在我看来，它不仅仅是一座普通小房子，更是族人找到身份认同的安定之所。

我对祠堂的认识显得后知后觉。自从祠堂倒塌后，便时常听到父亲电话里谈论它。突然有一次看到相关文章，才想起原来村民们每次扫完墓都要祭拜的小土屋，就是我们王氏家族的祠堂之一。后来我发现每个村都有自己的祠堂，据我所知，我们千山村有四个，历史最久远的是不远处千山村一组的王氏总祠。后来祖先们经过繁衍生息，宗族不断扩大，坑子内住着的乡民就是其中一个支系后代，前面提到倒塌重修的祠堂就是我们这一房的分祠。

重建祠堂采用砖混结构，形制上参考了王氏总祠。王氏总祠在坑子内北边，也就是流水的下游，十几年前也曾在雨后塌过，采用混凝土结构恢复祠堂倒塌之前的样子。我们这传统民居墙体一般采用稻草拌着泥形成的土块垒砌而成，地面用简单素土夯实，原来的祠堂也不外乎这种做法。这种民居有个缺点，如果周边排水沟长时间不疏通，很容易因杂物和野草而堵塞，日积月累，雨水漫出水沟渗入墙体，雨后很容易倒塌。这几年因农村人口流失，异地建起砖瓦房子后居民便无暇照看老屋，大量民居陆续倒塌。2017年，我们家的老屋也在一场大雨后倒塌了，每每想到此事，心里都不是滋味。

赣南祠堂建筑的形制和布局基本相同，多为"两进三厅"合院式建筑，以天井间

图4　倒塌的祖屋

图5　经久耐用的砖混房子

隔分为两进院落，前、中、后三厅（赣南客家人多称"堂"为"厅"）排在中轴线上，前为门厅用作出入，中为享厅，供祭拜，后为寝厅（堂）栖神灵。享厅后壁设屏门，祭祀活动时可开启，与寝厅联通。各厅之间一般不设置厢房，但也多见在中厅或后厅设置类似厢房的次间，成为"夹室""器具库"等，用来存放遗物和祭祀相关器具等。从实际对比看，村里总祠和分祠都是"一进两厅"建筑形式，与一般惯例少了一进房屋，并将"享厅"和"寝厅"合并，祖先牌位和人们祭拜的地方合并，问过父亲后也并未得出结论，说历史上就是这样。

在分祠寝厅背墙上，曾挂一个高曾祖代称的牌匾，现在为了美观大气就用一块刻上字的大理石板代替，也并不刻上具体姓名，用"历代始远高曾祖"名称来称呼先辈，并配上歌功颂德的楹联。在靠墙位置放置了一个香案台供祭拜之用，在其正上方开着一个配有窗扇的小口，里面放着一个象征高祖的小金人。在这堵墙后面是一条1.2米宽的小巷道，是族人逝去后棺材暂时存放的地方，意图在祖宗荫蔽下能有个好的归宿。寝厅屋顶高度也经过设计，特意设计出留白的天际线，意图让祖宗能看到天，方便灵魂自由出入。

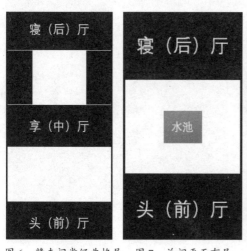
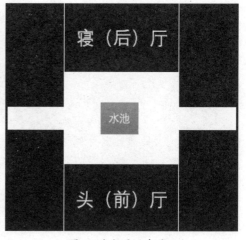

图 6　赣南祠堂经典格局　　图 7　总祠平面布局　　　　图 8　分祠平面布局

168

图 9　寝厅布置

图 10　寝厅前留白

　　王氏总祠面阔一开间，并未设置夹室，只有门厅和享厅，甚是简陋。总祠祭拜的是久远的始祖，后面出现的分祠同样也可以纪念总祠所纪念的始祖，加之逐渐扩大的宗族并没有把相应的宗族观念传递下去，导致后人对分祠的关注度大于总祠，所以分祠普遍被维护和打理得更好。父亲负责修建的分祠平面尺寸也照总祠类推得来，所以两个祠堂从周线序列和进深尺度上差不多，但在面宽上分祠增大了一些，增加了类似厢房的"夹室"，用作储物。

　　一般大家盖自家新房时会选择平屋顶形式，但是以乡民们对祠堂的认知来说，父亲还是选了大家认可的坡屋顶。虽然建成后村民们很喜欢这个小房子，但我初次见到它还是很失望，因为这个房子外形很偏离我对传统民居样式的理解，建筑比例、山墙位置、窗口形式都很随意，不过传统建筑的形式和要素都模模糊糊保留下来了。总的来看，祠堂功能和形制随时代变化而发生了微妙变化，宗族仪式、建筑考究等都脱离从前严格的宗族规训框架而逐渐简化，但人们的祭祖情节依然强烈而自然地保留了下来。

　　祠堂是纪念祖先灵魂的地方，坟墓是存放先辈肉体的地方，它们自古是有关联的。

图 11　新建分祠　　　　　　　　　　　　　　　图 12　王氏总祠

宋元时，春天人们去坟墓祭拜祖先的肉体，冬至在祠堂祭拜祖先的灵魂，不过现在把他们都放到清明这天一起祭拜，总体还是保留了"祠祭"和"墓祭"两个仪式。从小我和姐姐在清明这天就被父亲带去老家上坟，扫完墓就去一个放着一个牌位的小土屋里烧香点蜡，然后行三个敬拜礼，据说这样会给自己和家人带来好运。小时候我们家是和两个叔叔家一起去扫墓的，要一大早从县城赶到老家，然后翻越好几座山头，找到爷爷带他们祭拜过的坟墓。每个墓我们都要先除草，然后烧香点蜡，挂上纸钱，洒点米酒，然后行三个敬拜礼，最后根据血脉亲疏和在家族中的名望地位来决定是否打三个大爆竹。所以一天下来总是气喘吁吁，十分疲惫，但和家人们一起出行，其乐融融的氛围让我印象深刻。

年复一年，在这种打小养成的习惯驱使下，即使在外读书，只要时间允许，每年到了清明这天我都会回家看看。不知不觉这些分布各处熟悉的小土堆竟成了我对家乡的挂念，能在清明时节感受一下家乡山间的风景，同在山间田埂上操着熟悉口音的乡亲们闲聊两句，也是一种很温暖的体验。

今年疫情在家，清明祭祖便成了一件理所应当的事。大清早便踏上了回乡之路。忘记从哪年开始，为了让扫墓轻松愉快，不那么劳累，父亲便和叔叔们分头行动，每个家庭都负责扫几座山头，比较重要的先辈就一起上坟。计划从祠堂前的水泥坪出发，

图 13　一人高的蕨草

图 14　美丽的乡间风景

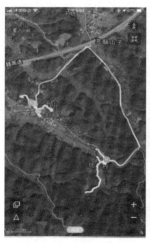

图 15　祭祀路径

图 16　从分祠广场往北看

最终再回到祠堂祭拜。一些仪式逐渐简化，扫墓过程跟小时候相比迅速了很多。

　　经过总祠时，我发现香火不是很旺，香火盆里留下的香蜡也是去年或更久的了，与分祠人来人往的情况相比，略显冷清，而且参加祭祀活动的大多是三十岁以上的人，年轻人似乎对这一活动并没什么留恋与深刻感悟。向几个亲戚打听了一下，都说小孩在外忙着做事，没时间回来。在我印象中，比我更小的年轻人确实越来越少出现在这种场合中了。从这里也能看出乡村家族随着时代更替，从过去大家族到现在的小家族，逐渐分化，伴随着仪式简化，宗法制度逐渐解体。近些年来在日常活动中，年轻人的宗族观念也逐渐淡去，大家都知道有些重要习俗得出场，但也无心对待。

《左传》有言："国之大事，在祀与戎。"可以看出祭祀对国家十分重要。同样，对宗族，祭祀也是头等大事，这是每个人的义务，不可不祭或代祭，不然违者将被扣除宗族福利，还有可能被惩罚。这里需要提一下，以前人们在有限的社会经济、自然资源里需要依靠组织来获取生存条件，宗族掌权者通过族产分配和制定族内《氏族家训》来管理成员，使得族内成员依赖宗族这个群体，宗族便成为一个具有强大社会组织的团体，这种关系的外化便是祠堂。时过境迁，如今在市场经济背景下，人们可以脱离宗族团体通过个人劳动与工作获得资源，年轻人可以摆脱对宗族团体的依赖，宗族观念淡薄。反而是上了年纪的人，十分重视宗族观念的延续与宗亲关系的稳固，也不断为此努力。经济科技飞速发展的今天，年轻人的思想观念不断向现代化靠拢。祠堂对年轻人到底意味着什么，怎么样在祠堂文化弥留之际挽留住这一丝丝乡愁，让我甚是疑惑。

历史上，我们赣南从宋元之后便逐渐成为客家民系形成过程中的"蓄能池"和"供能场"。祖先从中原带着儒家和相关文化迁徙到南越之地，在资源有限的山丘地带逐

图17　过年时的家庭合影

图18　祠堂内举办的敬老活动

渐稳固根基，不断强化自身的宗族纽带以确保宗族稳定，所以宗族关系深入人心。明代之后江南士大夫更接近国家权力中心，希望通过设立祠堂、义庄、编纂族谱等方式确立和提升宗族地位，原来的世家大族式宗族制度逐渐演化为祠堂宗族制度。祠堂宗族制度下的宗族组织则以始祖祭祀为核心，以祠堂、族产与谱牒为三大标志的高度组织化和制度化的组织，所以祠堂对我们来说是根之所在。但它并不是单独存在的建筑物，它同时起到族内人们联系纽带的作用，在族产的经济支撑下共同维护宗族稳定。若是人们逐渐忘却宗族关系与脱离族内规训教化，祠堂也就失去了意义。在相关资料中，目前赣南的宗族是一种所谓"残缺性宗族"，意思是现今的宗族内涵与1949年前的宗族已发生质的改变，宗族教化、规训、情感连接功能正逐渐消退或缺失，祠堂逐渐成为只具备公共场所功能的普通建筑。

我们应当为时代高歌还是为民系文化丢失而叹息呢？逐渐简化的仪式，使仪式真正的意义逐渐丢失。如今的祠堂，如何能融入现代生活并携带传统文化延续下去，而不是随时间逝去变成一个后人百科词典里的词条呢？祠堂的远去，会不会和当初的现代主义一样呢？人们在发现了一种极简的建筑形式而狂欢后却又迅速陷入反思，努力为建筑填补上历史内涵，而出现了后现代主义。以此为鉴，祠堂文化能以另一种方式留下来吗？

从种种迹象看，祠堂文化还是有很强生命力的。新祠堂修好后，开展了诸如60岁老人领红包、宗族联谊、外嫁女儿归家等一系列活动，一派活力满满的样子。修祠堂，修族谱在我们赣南地区变成了很流行的事情。虽然政府不宣扬，但也没有打压，很多踏入仕途的族人也愿意捐款为宗族作出贡献。村民们在这个过程中也通过微信在线上宣扬着活动的氛围，让远在他乡的族人感受家乡的变化，吸引越来越多族人关注，活动有越办越大的趋势，让大家都感到宗族文化的魅力。所以祠堂理事会应作为一种长期组织，为宣扬宗族优秀文化贡献持续不断的力量。从建筑设计角度，由于祠堂是一个宗族处于核心地位的建筑，所以它的建筑形制与装饰甚至景观都应充分考究，不应为了一时省事造成后期无法优化。赣南是客家摇篮，很多古村留有上百年的祠堂建筑，

图19　坐在祠堂门槛看族谱的人

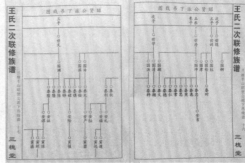
图20　族谱内页

那些保留下来的原汁原味建筑都或多或少成了当地重要的旅游资源。未来家族祠堂的扩建或翻修应有相应的专业人士指导设计，在遵照地区传统建筑形制与风格下，也加入本村的历史和地域特色。只有这样，建筑的躯壳才能具有和祭祀、庆典相称的场所精神。建筑内部也应布置一些先辈古训和文化展览，让优秀的客家精神润物细无声地影响后辈。

　　这些普通的宗族文化如何在更大层次上和社会发展结合呢？我很自然想到"乡村振兴战略"的实现应当与当地传统文化复兴结合起来。客家精神是一种自强不息，具有强烈宗族意识，继承儒家思想的精神，与美好的乡村生活看起来并不矛盾，所以乡村振兴不应只是经济振兴，更应是优秀传统文化的复兴。而且客家宗族观念里具备不少积极向上、面向时代的进步理念，所以政府应出台相应政策将相关优秀传统文化融入时代发展理念框架内。祠堂在保留下相应传统功能的同时也应考虑在未来扩建时加入一些适应新时代新场景的使用功能，让祠堂成为一个热闹的、实用的、有教育意义的公共场所。年轻人在这个过程中也能加深对美丽乡村的切身感受，建立起乡村宗族的身份认同。基于细微之处的感染和教化，才是乡村振兴最好的药方。村民们在逐渐提升生活水平的同时，也应利用好发达的信息和交通网络，以祠堂为纽带组织团队，通过当地自然资源发展一定的集体产业，让山区变得不再是贫穷的代名词，真正做到美丽与魅力并存。

祖上三宅

黄元（2018 级硕士）

我的老家在山东省沂水县西黄家庄村，是典型的北方集中连片和节约型用地村子，大片平原地带。本村黄氏有记载的是自第 11 世于四川，主要居住于安徽的一支后迁至山东，到我这一辈已经是第 19 世。父辈这一代人都去了城里，乡村文化仅存在于老人们的记忆中，各种风俗和较远的亲缘关系也几乎止于父亲这一代。目前实物留存不多，大多建了新房，乡村变迁，就从爷爷住过的三个宅子谈起。

先人有在广西任职，回老家盖房，这个房子姑且称作"祖上老宅"吧，之后一直经营土地生意。鸦片进入中国，有族人吸食，致家道中落，房子年久失修，解放战争期间充公，"文革"中拆除。迁出后在祖宅旁建了一个四合院，带一竹园，生活与部分生产都在院中。老宅并未完全铲除，还保留部分残余。2000 年左右，村里大范围建宅，很多坡屋顶变成平屋顶，简单粗暴的模式被大量复制。

"祖上老宅"在建造时考虑了诸多因素来适应当时复杂的社会。鲁南地处平原地带，也是战乱频发地带，加之土匪入侵，必须考虑防御问题。一方面是村子内部有内河（见村子总平示意图），内河上有吊桥，有敌入侵时吊桥吊起。另一方面就是自家院子的防御考虑，土地经营需要一定的院内空间，比如一起吃饭、议事、作坊加工等，难以封闭，楼的建造就具有了必要性。这个北方的楼地上四层，地下一层，登高望远，能看到田野和周边状况，但受制于建造水平，内部楼梯都是非常窄的爬梯。室内地面

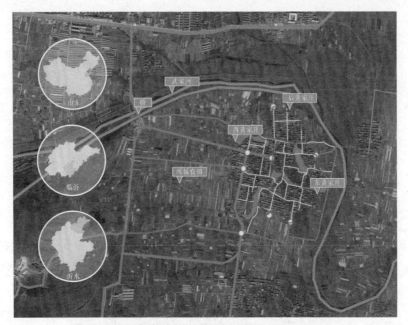

图 1 黄家村基本格局

图 2 三个宅子的位置

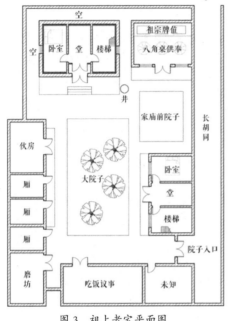

住宅一：祖上老宅

入口

空

空　卧室　堂　楼梯

祖宗牌位

八角束供奉

井

家庙前院子

长胡同

伙房

厢

厢

厢

磨坊

大院子

卧室

堂

楼梯

院子入口

吃饭议事　　未知

图3　祖上老宅平面图

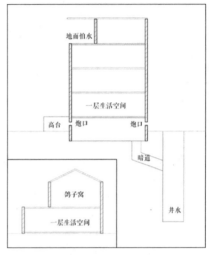

地面柏水

一层生活空间

高台　炮口　　炮口

暗道

井水

鸽子窝

一层生活空间

图4　祖上老宅剖面图

无防水能力，屋顶为带雨棚的阁楼。宅子在1949年后被政府收走，"文革"时被拆了，只能根据家里长辈大概的描述和老家拆散在个别地方的大块旧石头才能想象其模样。

窗户很小，石窗，连接处用豆汁浇过，关闭后，整栋房子从外面无法进入。建筑外部具有高台，地下一层部分露出地面，有土炮炮口，为驱逐外墙与院墙夹缝中看不到的敌人，以防其隐匿其中。土炮威力很小，只起震慑驱逐作用，不足以将院墙损毁。鲁南地区干旱较严重，取水一般靠水井。但是进入防御状态，在坚固的楼里无法取水或水被污染，很难坚持几日，这就成为防御的重要问题。采取的策略是在建筑内部开通井水暗道，平日在院子中取水以求便利；外人入侵，先将外盖关闭防止污染，可在建筑内部取水，楼中储藏干粮，战乱时可供全家生活几个月。

宅中除生活的大院子外，有一个家庙院子。家庙为一单层三开间建筑，内有几张八仙桌放置贡品，台上有祖宗牌位。因为村里很多人家同宗同源，经过多次分家，这里也是村子里很多人集中供奉的地方。其他人家自己家里也有小家庙或供奉桌，纪念自己的祖先。东侧是两层小楼，供爷爷父母居住，二楼聚集大量鸽子，总是驱赶不走，后来干脆弃用，在此处收养这些鸽子，算是一种消遣娱乐。但鸽子在旧社会又称"飞贼"，在生产力不发达的年代吃庄稼，很不受欢迎，"文革"中被批斗"养飞贼，窃粮食"。

　　解放战争时期，胶东地区首先解放，爷爷的父亲去胶东感受到了共产主义的召唤，回来后立刻解散了雇工，分了田地，房子充公。之后就作为村委办公和聚集议事的地方，但毕竟老房子太久没修，加上形制特殊，很快就被拆了。大石块拿去做了村里的桥（原

图 5　老宅石头的再利用

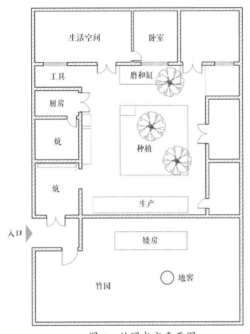

图 6　竹园老宅平面图

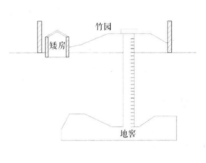

图 7　竹园剖面图

图 8　竹园老宅风貌

先的吊桥已损坏也不具有防御功能了），剩余的完整石块也被家家户户盖房子用了。

"竹园老宅"是自迁出祖上老宅后住的最长时间的宅子，不仅用于生活，部分也用于生产活动，例如粮食细加工、养家禽、处理木材等。前人念过私塾，希望后人无论在什么境遇，都要让子孙读书。老人要求造一个竹园，面积不大，一个坡，南高北低，早先竹子会每年打理，低处有一非常矮小的小屋，供储藏用。院子树荫下，听着竹子此起彼伏摩擦的沙沙声，所有的燥热都在这一刻消解了。院中有三棵大树，作为三个儿子盖新房的檩（村里习俗），后来三个儿子进城，这种代际传统就不需要了，树被砍了。室内地面原是土质的，但不平整很硬，会有灰尘，经常需要拿水沾一沾（祖上老宅屋面可能也是这类怕水材料，才用顶棚盖住）。这个时期大多数人家有地窖，功能主要是存储姜（此地盛产姜），也称作姜窖，有十几米深，用散的爬梯上下，下

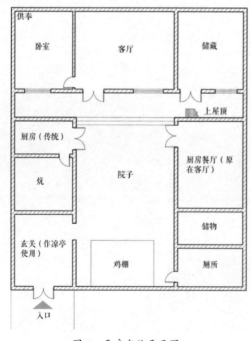

图 9 平房宅院平面图

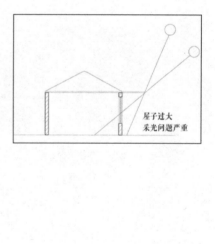

图 10 平房宅院采光问题

图 11 平房宅院风貌

去前用火伸下去试探氧气，并且在人下去后伸一根管子，以防缺氧。内部潮湿，以黄土黏结，以铁件加固结构，支撑件在土中，看不到全貌。窖内部夏天非常凉爽，分三个方向有三个大小不同的洞，每个洞储藏不同物品。目前这所宅子就荒废在那里，储藏杂物，只在逢年过节贴对联烧纸。

爷爷奶奶上了岁数，想把他们接到城里来，但他们不愿离开生活了一辈子的村子，这也是大多数村里老人的状态。2000 年村里大量盖房子时，做了个院子，与其他人家房子一样，是施工队主导下的宅子，具有一定南方特征。高大的室内客厅，南侧前廊，开窗大，冬天冷，阳光进不来。虽然新房不合理，但也保留了原有的大概形制。以前宅子的大门与外面路差不多高，是低矮的木门，设一门槛，长年半开着，串门的邻居进去后敲门敲的是正屋的门。而现在的大门地坪比地面高出不少，由一斜坡上去，门也换成了很高的大铁门，家家户户封闭起来，其实是不需要社交了，因为村内互相认识的也只有年龄很大的老人，行动不便，也很少串门了。天气好的时候，老人会一直在门口过道处晒太阳，社交也仅发生在此。宅内除了养鸡，几乎没有任何生产活动，

用作生产空间   生活空间

纪念空间   文娱空间

图 12　三个老宅空间使用的比较　　　　图 13　三个住宅之间的发展与变化

生活也基本集中在东侧小厨房和西侧炕房，客厅使用率非常低。

　　三个住宅之间的发展与变化。

　　（1）从功能上看

　　① 在 1-2 的过程中，纪念空间大幅削弱，失去雇工的生产空间转变为自主生产空间，并且不再需要防御。

　　② 在 2-3 的过程中，生产部分几乎消失，文娱空间失去。

　　③ 与外界交流减少，客人不进客厅，熟人社会圈子变小。

　　（2）从空间上看

　　① 从 1-2-3 的过程中，空间层级越来越简单，功能连接更直接，效率更高，但也反映出生活的单一化和纯功能化。

　　② 室内空间由小变大，功能专一性丧失，只保留了原有四合院，但当下的生活并不需要这么多空间，造成某些空间功能重叠，使用率不高。

（3）从时代发展看

① 早期以保护自家人身家性命为主，注重防御，经营土地，保留传统。

② "文革"时村内变化较大，但只是实体大部分消失了，生活和生产方式并未改变，很多原有传统还存在，伴随着爷爷辈在传承。

③ 父亲这辈少数人进城后，原来仅随着生活和生产方式保留的传统也逐渐不被需要了。随着社会发展，农村也没有了年轻人。无论实物载体下的文化还是以生活方式和生产方式作为载体的文化都已消失。

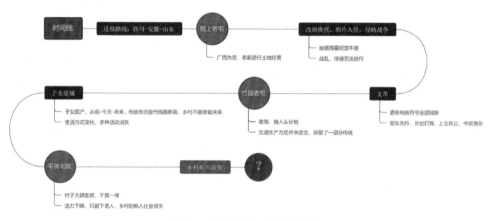

图 14　老宅与社会变迁的关系

回到家乡，我常会坐在山冈上眺望，倾听脚下的土地，观察归家的人们神情从寂寞和迷茫到热情和坚定，心里便会升起一股温暖的泉。城市人虽然拥有这个时代，但乡下永远有这一心灵的净土，这片净土并不在于古老的环境能记录多少历史，而是守护净土的人。是他们让经过各种文化冲击的在外游子能感受自己心的本质，每一次归家都是精神的洗礼。随着年龄增加，爷爷奶奶话越来越少，也说不清楚，不知道该跟拿着手机的晚辈怎么交流，同样父母有一天也会老去，随着时代发展，到时候家乡会不会存在，没有家的家乡还算不算家乡？

恰逢乡村振兴正当时，步入师门，望尽绵薄之力，保留乡村记忆。

武汉还有这种过江方式

林溪瑶（2018级硕士）

"回乡记"简简单单的三个字，饱含着喜悦激动和思念不舍，带着诗意乡愁。这不仅是感性的文学描述，也是一种观察生活的方式。如今，家乡的变化日新月异，每一次的回家意味着对家乡进行又一次重新认识。而我，作为一个土生土长的武汉人，23年生活在江城，今年春节依然是。不过不同的是，今年春节我以一个"旁观者"的角度，去重新审视这个城市。那些以前没注意到的现象，以旁观视角看也许会有很多意想不到的收获。

我父亲是武昌人，母亲是汉口人，这可谓是一场跨江式恋爱。所以我的春节必做的一件事便是过江——去给武昌的亲戚朋友拜年。

图1 过江大桥

图2 过江隧道

如今武汉的过江方式多种多样，越来越便捷，所谓"花式"过江并不夸张——9座长江大桥，3条过江地铁和1条长江隧道，可以选择汽车过桥或者还可以开车走过江隧道。地铁更快，往来汉口武昌间最多只需要三四分钟。而有一种过江选择，渐渐被我们遗忘，不再提及，甚至很多小孩并不清楚，那便是轮渡。毕竟，它一点都不摩登。在这个随时要求快快快的时代，轮渡显得落寞，唯一的优势是：不堵，便宜。

今年春节过江我选择了这个快被我遗忘的小伙伴——轮渡，重新踏上了这即将离岸的船。想一想我也算坐轮渡长大的一代，小时候周末去奶奶家玩必坐轮渡。依旧是从武汉关到中华路，行程大约20分钟，票价1.3元就能感受大武汉，绝对值回票价。

图3　过江地铁　　　　　　　　　　图4　过江轮渡

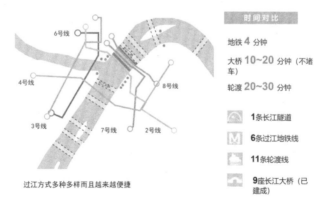

图5　过江方式一览

图 6　武汉关——中华码头

图 7　旧式轮渡 & "江城 x 号"

上船后，小孩子欢欣雀跃，一如当年的我们，甲板上站着的往往是第一次坐轮渡的年轻人，安安静静坐在二楼的，则是对轮渡不再稀奇的大人，抑或是静静回想过去的老人。多年未坐轮渡的我，也忍不住跑甲板上看看风景拍拍照。我的记忆还停留在老式轮渡，没有窗子，从凳子脚底传来的轰鸣机器声，"嘎吱嘎吱"木板响声，这些都已不复存在。轮渡早已更新换代，有空调，有电视，有自动门，冬暖夏凉，成为观光轮渡该有的样子，同时也不再人挤人，车挤车。

　　为什么还愿意花 20 分钟等待一艘慢船？因为只有在慢行的 20 分钟里，才能遇见那些困在沙丁鱼罐头里无法看见的风景。坐轮渡，确实会让你发现不一样的风景。站在甲板上吹吹江风赏赏景，看看轮渡上的贩夫走卒各色人等，听听自行车铃铛声，电动车呜呜声，这就是武汉的轮渡。这 20 分钟其实并不长，与其在地铁上低头玩手机只等到站，车里看堵车望眼欲穿，不如坐轮渡吧。说它千好万好，也不得不接受一个

图 8　武汉这样的轮渡（来源：HANS 汉声公众号）

事实，如今轮渡年客运量已不到鼎盛期的 1/10，普通客运航线仅剩 11 条。不禁唏嘘，拥有 118 年历史的轮渡会不会有一天在江面上消失。

在那没有大桥的时代，负责维系武汉各地交通的，是各类船只。1900 年，冯启钧购置了两艘蒸汽机轮船，开辟一条从汉江口到武昌汉阳门的轮渡航线。老一辈的人多半都还记得在码头排长队等候坐船过江的感觉，从那个年代过来的老轮渡人会毫不夸张地说，越是到年节，轮渡人越是忙得不可开交。鼎盛时期，轮渡客运航线 18 条，年客运量达 1.4 亿人次。

武汉"江城"，水域面积约占全部面积的 1/4，生活出行、货物运输都围着江转。不可否认在交通不发达的年代，轮渡曾是过江交通主力。水运影响着武汉城市空间发展，轮渡作为城市流动空间的途径，也见证着城市的发展。起初开埠时，城市空间仅

图 9　轮渡——过江交通主力

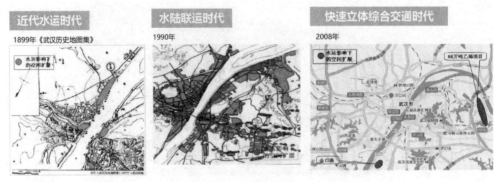

图 10　水运影响下的武汉三镇主要空间扩展

靠主城区沿江带状扩展；到水运鼎盛时期，随着铁路开通，水运影响的城市空间发展不再仅仅沿江沿河发展，远离主城区的跳跃式组团扩展；如今，水运呈逐渐衰落之势，高速公路、高速铁路及航空运输普及。水运影响下的城市空间扩展活动主要在远离主城区的长江沿岸进行。这期间，轮渡也跟着水运发展，从鼎盛到如今的衰落，并没有与时俱进。由此，在快速立体交通建立的情况下，武汉水路交通对城市空间发展的影响正在迅速降低。

随着武汉城市化进程加快，城市交通拥堵、环境污染日益严重，城市土地资源紧缺等问题相继出现。特别是过江交通压力一直未缓解。尽管现在过江方式多样且越来

图 11　过江交通压力

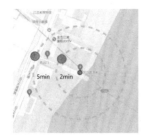

	中华路	武汉关	集家嘴	汉阳门
2min步行圈	2	1	2	2
5min步行圈	1	1	1	1
10min步行圈	多（衔接弱）	多（衔接弱）	多（衔接弱）	多（衔接弱）

图 12　武汉关交通衔接及码头交通衔接

越便捷，但不可否认的是，武汉城区的一桥和二桥在上下班高峰时间段，拥挤现象依然很严重，过江隧道也不例外。在这种情况下，其实是轮渡——水上公交发展的好时机。武汉具有得天独厚的水资源条件，武汉拥有全国最丰富的自然湖泊和城市内河航道。发展武汉的水上公交，可以有效缓解武汉的过江交通，是对城市水域资源的新开发和利用，水上公交运行不受其他交通方式影响，具有地面公交和地下轨道所没有的一些独特优势。

既然如此，轮渡为何没有跟上城市发展步伐？从使用人群看，以中青年低收入人群为主，尤其是学生和企业员工。旅游购物等人群比重也相当大，轮渡使用临时性较强。

在交通方面，客运轮渡作为公共交通方式的一种，与其他公共交通方式的衔接直接影响轮渡的辐射范围和作用。轮渡和公交班次不匹配使时间成本提高，航线布局也没有科学统筹和规划；线路少、单一，没有形成网络。不仅如此，等候时间过长，班次不够，"大马拉小车"的现象更促使人群选择其他过江方式。

针对轮渡的转型发展，有以下一些建议：

① 定位合理化，轮渡需要适应新时期人们的需求，发展成为城市旅游公交，探讨多元经营的可行性。

② 运行高效化，增加班次数量、调整渡轮大小，从而提高满载率，改善供求不平衡的运营现状。与陆上交通形成无缝衔接，构成便捷的交通网络。

图 13　轮渡文化

③ 服务优质化，提高轮渡总体设施质量，使轮渡的人性化成为吸引游客的独到之处。

④ 轮渡旅游化，通过增加具有武汉特色的文化设施提高轮渡乘坐趣味，媒体也应加强宣传，以此促进轮渡的旅游化发展。

⑤ 多方共建，政府需加大投入，交通部门需优化轮渡衔接，旅游部门需增加轮渡旅游宣传和游线打造，规划部门需优化两江四岸景观界面，武汉轮渡公司需具体落实。

轮渡就算现在慢慢被人忽略了，但它已扎根武汉码头文化、市井文化，那是一种深入老武汉骨子里的感情。人们不应忘记，在武昌、汉阳、汉口三镇整合过程中，轮渡曾扮演过极重要的角色。轮渡带走了无数武汉伢的童年青春，除了满江的水，和岁月一起留下的就剩下了曾经拥有的记忆。我们怀念曾经可以把手伸出舱外，可以大声喊话盖住机器轰鸣的时光，也渴望它的变化，希望它与时俱进，依然在江上航行。所以说，从没离开过家乡的人，会有乡愁吗？当然会有，不是地理上的，而是心理上的。留下来的人，才更想寻找回忆的来路与归宿，带着记忆生活在其中的人，才是血和肉。在变化中饱含着期待，就是家的模样。

没有轮渡的武汉是不完整的，只要有江有河流，船就不会消失，轮渡也就不会消失。未来，它一定会以另一种姿态亮相于世人眼前，甚至再次"摩登"。

小县城的江滩与中学的变形记

唐陈琪（2018 级硕士）

我的家乡是湖北荆州石首，位于湘鄂两省交界处，是一个长江边的小县城。就像中国大多数的县城一样，这座小城并不发达。这里没有火车站，没有机场；五年前，这里甚至连一个大型商场或一个正经的电影院都没有。这里容纳了我上大学前的所有记忆。

在 2013 年以前，我从来没长时间离开过这座小城，而后回到这里大概也只是每年寒暑假两个月。所以现在提起家乡，我脑海中浮现的还是石首五六年前的样子。如果不是这次"命题作文"，我可能不会意识到，其实我已经很久没有好好看过我的家乡了，也不会意识到，就是这短短五六年，家乡发生了太多太多变化，与我记忆中的那个小城已不太一样。

1. 江滩·体艺中心

作为一座长江边上的小城，江滩是我们这一代人最爱的童年乐园。那时还没有现在这么多娱乐休闲场所，人们茶余饭后都爱去江边走走。我家就住在江堤附近，上小学时，每天晚上做完作业，奶奶就会带着我去江滩溜达。小时候朋友们约出去玩不是说"走我们去打篮球"或是"看电影去"，而是"走，江边看船去"。我记得那时还没有现在这么多汽车排着队等轮渡，夕阳下的江滩上，烧烤店的老板们开始抢占地盘，

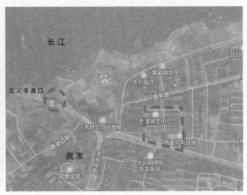

图 1　三义寺渡口　　　　　　　图 2　三义寺渡口与西普体艺中心区位

塑料桌椅摆了一大片，高高的沙堆旁总会有几个脏兮兮的小朋友，满手沙子，一脸傻笑。渡口处船来船往，汽笛声就是我们玩乐的背景乐。这是我记忆中的江滩，也是我记忆中的童年。

如今，城市管理越来越规范，江滩上已不再有烧烤摊和沙堆了，江边汽车和船只往来繁忙，大家也不会再有事没事就去江边走走。

随着城市不断发展，逐渐出现了更多可供市民休闲娱乐的场所。在渡口另一侧，曾经的破旧厂房被改成了体艺中心。这座体艺中心与江滩正好位于我家两侧路边，对我来说，休闲娱乐的路线也从向左走变成了向右走。

三年前这里还只是一片无人问津的废弃厂房，2015 年 6 月开始改建，保留了原有老厂房的外立面风格，增加空间感和设计感，使得综合体内的建筑颇有文艺范。酒店、广场、篮球场、乒乓球馆、羽毛球馆、游泳馆、电影院、KTV、超市……这是一座集文化、体育、休闲、商业等多功能于一体的综合体。

曾经熟悉的地方，呈现出完全不同的场景。将废旧厂房改造成体育综合体，这是一次整合利用闲置资源的有益尝试，它在增加市民健身场所的同时，又最大限度实现了闲置厂房的再利用。同样，这里也会成为 00 后们心中最深刻的童年记忆印刻的场所，但我们这一代心中的江滩已不复存在了。

图 3 西普体艺中心改造对比

2. 笔架山中学·城市广场·老一中

　　新城区的不断扩建和老城区的不断发展,使石首的城市格局也在逐渐发生改变。很多记忆中的地方也是时移世易。

　　这张照片里的中学(图5)是我的初中,也是好几代石首人的初中,因为石首城

图 4　西普体艺中心鸟瞰

图 5　老笔架山中学校门

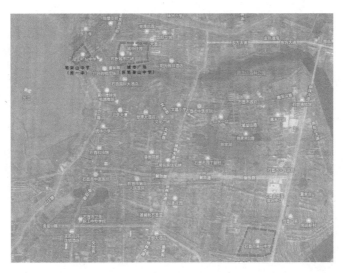

图6　笔架山中学、一中与城市广场区位

区内一共就只有两所初中和一所高中。现在这所中学已经定格在我的初中毕业纪念册上，因为整个学校已被推平，原址建成了石首新的城市广场。而我的初中搬迁到了我的高中所在地，高中搬迁到了石首规划的新城区。记忆中的一切现在看来，是它又不是它。当我想回到我的初中看看时，会发现那里其实是我的高中，而当我想回到高中看看时，去的又是一个完全陌生的地方。场所和记忆在这样的关系里完全错位脱节，想来就会有些酸楚。

　　新的城市广场建成后，虽然填补了石首大型商业的空缺，但好像市民们并不太领情。这里大部分时间人烟稀少，即使在大量人口返乡，客流量剧增的春节期间，这里看起来也有些萧条。在城市广场出口，就是石首传统的商业一条街，街边店铺林立，市民们更愿意在这条街上逛逛。相反，在这里还是笔架山中学的时候，每逢过年都会有各届校友回到母校怀念青春或举行周年同学聚会。

　　这样大费周章的改变，切切实实带给我的只是曾经熟悉的场所慢慢消逝的失落感，不知道从哪天起，这座城市开始和我记忆中的样子渐渐不同。

图 7　石首城市广场春节现状

　　作为土生土长的石首人,我当然希望家乡建设得越来越好,也能体会到发展带来的便利,新建的体艺中心、城市公园等都成为现今市民们休闲娱乐最爱去的地方。但与此同时,是不是也能留下好几代人记忆中具有特殊意义的场所?《寻梦环游记》里有一句经典台词:"真正的死亡是世界上没有一个人记得你。"我觉得这句话不仅指人,也可以是我们记忆中的任何东西。记忆中的它虽然老旧斑驳,但真切的存在于曾经的每一分每一秒,而记忆与美感没有关系,特别是学校这样的地方,它具有文化传承性,承载了太多人的童年和青春。在城市日新月异的今天,不断建设的同时,也希望能保有一些属于这座城市居民的场所记忆,能将过去的时光继续留存,留下属于小城居民的共同回忆。

家乡广场商圈的改造升级

孙艺（2018级硕士）

回乡记记什么？首先想到的就是在我童年记忆中占据重要分量的人民广场。其周边商圈在家乡的地位较之位于城市核心的彭城广场，算第二梯队，也是四通八达人流密集的地段。广场坐落于淮海西路和二环西路交叉口，周边环绕着满足我们平日生活所能想象得到的各式需求的商业建筑群。

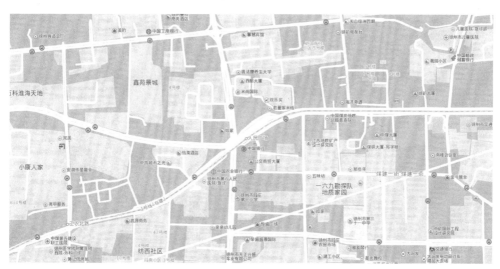

图1　人民广场区位

小时候牵着父母的手溜达到广场，蹬起滑轮一圈儿又一圈儿，耳畔是清风摩擦发丝的微响，目之所及是当时自觉高大无比的广厦楼宇，回转间仿若一个新世界就在眼前徐徐展开。离开广场，走个三两步就是并置的商场："友谊""华美"这样的名字带着上个世纪的纯挚朴实。我对商场里的东西不感兴趣，只喜欢在外面围着卖冰糖葫芦或者吹糖人儿的小推车转悠。爷爷奶奶们似乎一年四季都是那身黑棉袄、白围裙，满手"嶙峋"，沟壑间沾着糖渣儿，一双双熟练操作的手轻易点燃孩子的笑脸。

再往前走走，过一条马路是曾经在市内显有声名的矿务局会堂。徐州一直以资源型城市立足，丰富的煤矿资源哺养这片土地，支撑起成千上万个家庭。矿务局会堂是徐州的标志性建筑，始建于 1984 年，作为时代产物一时风头无二，是当时华东地区最好的剧院之一。地上地下建筑及附属用地合计近万平方米，可容纳观众 1500余人。我对这座建筑抱有强烈的好奇心，常站在马路另一头满怀憧憬地望向那雍容庄重的身影。

这一片小圈子承载了太多儿时的欢声笑语，光华飞逝，我与它互相见证了彼此的成长。这些年家乡一直致力产业升级与消费升级，这也意味着建筑规格的同步升级，人民广场作为城市二线商圈自然被列入首批改造目标。幼时眼中高耸的大楼，归来只觉身形佝偻；曾经光洁的商厦外壁片片剥落，散发着古旧的尘土气息。岁月为这群静默伫立的长者镌刻下斑斑印痕，一切都亟待改进，希冀苍老而疲惫的身影能重新注入活力。

图 2　人民广场西侧万科淮海天地

图 3　人民广场南侧新都商业广场

图 4　人民广场东侧金鹰商圈

图 5　人民广场东侧华美商厦

图 6　人民广场东侧百盛友谊商场

西部万科的入驻使交通进一步打开，新淮海西路的落成强化了东西方向的连接，两大社区为广场商圈带来源源不断的人流。友谊、华美等老牌商场不合时宜的陈旧布局已无法满足当代购物需求，建筑空间重新规划伴随消费层次提升，使购物中心换了新颜，与新建成的金鹰及周边独立店铺形成品类齐全、格调较高的购物娱乐消费流线。此次回家，发现场地南侧、原先位于淮海西路 – 二环西路交叉口一角的低矮商铺群被拆除，取而代之的是全新建设的商业广场。

对人民广场商圈影响最大的则是隶属市政工程的地铁修建项目。徐州人口数量大，交通系统却与其无法匹配，现有公共交通系统完全无法满足城市上升期居民的出行要求。地铁项目是真正惠及民生，聚焦万千市民的重大项目。寒假期间，地铁 1 号线已进入最后的工程阶段，预期今年（2019）内开通试运营，人民广场站将作为地铁 1 号线与地铁 5 号线的换乘站，为市民到达商圈各主要建筑物提供最大便利。相信明年（2020）地铁正式运营后，穿行人流所带来的巨大活力将为人民广场商圈带来无以计数的崭新机遇，整片区域也将呈现出更加欣欣向荣的发展面貌。

矿务局终究抵挡不住新时代产业转型的冲击，同那些炭火燎旺的日子一同寂寂凋败，矿务局会堂亦随之风华不再。为了与时代接轨，政府将其改造为城市首家全息剧院，并对建筑本体和与之配套的水电、消防、通风系统与包含停车场在内的外部环境进行全面升级，立面选用光亮石材铺设，展现出精致而又满溢昂扬生机的全新面貌。矿务局会堂将重回作为城市名片之一的重要地位。

寒风在耳畔呼啸，我站在马路另一端跨越如织的车流凝望这位熟悉又陌生的长者。他似乎矮小了许多，毕竟这样的建筑我早已见怪不怪；他又似乎更加高大了，那崭新的面貌携着生气向四周飘散：曾经晦暗冷峻的石壁光亮一新，立面上恢弘的电子屏幕彰示着昂扬自信的当代风貌。恍然间，我似乎窥见时代的车轮轰鸣向前，把儿时那个奔跑着的我远远甩在了身后。旧日回忆终究会消散，但我依然乐见家乡的变化；作为从徐州走出的游子，我爱着那历尽风霜却不断向前的身影。唯愿家乡蒸蒸日上，愿那山水带着蓬勃朝气，与千万民众一同，踏上下一级属于徐州的时代阶梯。

2020 年

疫情中的大学校园

吕洁蕊（2019 级硕士）

2020 年对武汉这座城市，以及生活在这座城市里的人而言，注定是一个刻骨铭心的年份。新年伊始，万家团圆之际，新冠疫情突如其来，这座城市生病了，暂停了……所有人、所有家庭都在静寂中的城市中与病魔和死亡抗争着。

我在武汉的华中科技大学里长大。从外地来汉学习、工作和定居的父母将我这个"外地伢儿"养在这座美丽而富有生机的大学城里，这儿就成为我的家乡。

往年的校园在春节来临之际，是祥和而热闹的。学生宿舍和教学楼人去楼空之后，家属区里的爷爷奶奶们就带着放假了的孙娃们占领了学校中各处舒适的草地，在每一个暖洋洋的下午用夹杂着各地方言的普通话闹哄哄地联络着感情。食堂、超市和医院里的大学生们刚刚让出场地，退休教职工和家属们就会无缝衔接，这些生活区中会出现离校学生们绝对想象不到的热闹场面——非亲非故、非邻非友的人们在排队间隙会互相招呼、恭贺新年，唠两句家常，评几句时事……这些来自五湖四海的华科人，彼此并非亲朋，未必同乡，甚至不一定属于同一个院系，却因工作和生活在同一个校园自有一份熟悉和亲切。这份共同的情谊感染着身在其中的每一员，因此华科的春节虽然难有锣鼓鞭炮、亲属团圆，却富有一种独特的带书香气的热闹和人情。

然而，今年寒假中的华科大却完全是另一番模样。在新冠肺炎威胁下，人人自危，春节假日的快乐氛围一扫而空，道路上只剩防疫工作相关人员和家里没灶吃食堂的可

图 1　华中科技大学校园

怜人；曾经人与人之间的信任和亲昵被疫情摧毁，匆匆而过的路人眼中都是戒备和恐惧。可能因为华科校园内学习区、生活区和居住区混杂，学生、教职工及亲属、后勤保障和从社会聘用的劳务和非劳务等各种人员来往互通，导致校内确诊和疑似病例数量较高，疫情形势比较严峻。虽然华科作为一个"单位大院"，面对城市相对封闭；但对居住在华科这个"小社会"内部的居民，校园内的生活其实比校外那些封闭社区更开放、便捷、畅通和和谐。从某些角度看，华科校内的空间模式具有开放街区的特征和雏形。校内多个居住区周围没有实体边界，小规模的居住区被各种商业服务、公共活动和绿地景观空间紧密串联起来，道路之间不设限制、区域之间没有障碍，因此校内居民的日常活动范围覆盖整个校园。大院内这种相对开放和交融的空间模式曾经养护着华科人彼此间的亲切与情谊，在疫情袭来时却成为防控病毒的一个痛点。

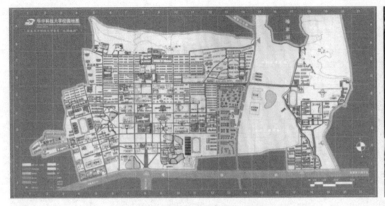

图 2　华中科技大学校园地图　　　　　　图 3　疫情中的校内道路

　　在这个非常时期,华科大校园里的居民与城市中其他封闭社区(基层治理单元)内的居民受到的管控、体验到的服务在反应速度和具体实施方式上都大有不同。举例来说,我和父母居住在 20 公里外的江夏区某街道某小区,在 1 月 23 日武汉封城后,迅速把守住了小区出入口,保证外来人员和内部人员隔离,安排专人消杀、巡逻、安保,同时由物业组织居民线上购买食品,货物送到小区大门外再分批次通知小区居民出门认领;在小区内部,用很少的人力迅速管控住了整个住区内的人员,同时也较好地保障了居民的日常生活。

　　与之相对,华中大校园家属区的封闭管控在 2 月 20 日才开始执行。新冠肺炎疫情在城市中飞速扩张的 1 月底到 2 月初,校内外人员依然可以随意进出校园内各类场所,并且由于生活物资储备需要,居民也不得不去往集贸市场、食堂等人流集中的公共建筑设施。我的外公外婆,两位住在华中大东三区的耄耋老人,从 1 月 23 日开始自行居家隔离,到 4 月底前再没出过门。在校内封闭管控开始前,每隔大约一周,我和妈妈就会全副武装,先后冲进华科的集贸市场和百景园食堂,买足一周量的蔬菜和面点,送到外公外婆家门口,跟他们保持安全距离简短问候几句。我们两人的行为当然也承担了风险,因为直到 2 月中旬我们才知道,当时整个东三区的三例确诊和一例疑似病人，在被收治前就住在外婆家前后两排楼栋里。

　　广大的校园面积、复杂的功能场所和人员结构导致华中大在疫情来临时面临更多困难，疫情响应和实施管控也滞后于其他封闭社区。华科校园内，各区域没有边界，导致人员管控只能凭个人自觉性；果蔬粮油等生活物资必须由个人出门（去校园中部的集贸市场）购买，线上购买的各种物资和配送小哥一起被拦截在华科校门外，校内居民必须从家中到校门外领取，这就增加了校内居民暴露在病毒中的可能性。另一方面，校内开设的食堂、集贸市场、超市和医院等，每一栋建筑都设置了三个以上管控人员，对进出人员进行观察测温、协调管理等防疫工作，这是学校在校内居民活动路线中既无法管控住"出口"，也无法解决其出行需求而只能在"目的地（公共场所）"安排更多人员设防的一种无奈之举。

　　2月20日起，学校内家属区被划分成14个网格点，由组织部安排二级单位党组织及有关职能部门组成工作组值守。多个校门封闭，仅剩的入口由多个工作人员严格把守；家属区楼房之间拉起了一道道线绳，家属区内行人和车辆被管控，无事不得出入。后勤集团也改善了购物模式，关闭了超市和集贸市场，校内居民可以网购物资，

图4　妈妈在门口问候外公外婆

图5　校医院外把守的安保人员

由校内网格服务点配送人员送货到楼栋下。在网格化管控开始实施后，校内居民生活的安全性与便利性都得到很大提升。学校各职能部门的机构人员以及各功能场所设施成为华科校园内居民的强大后盾，"单位大院"的完善配置在协调工作、调度人员、分配和运送物资等方面又体现了其相较于城市中普通小区的优越性。另一方面，由于校园内居民整体素质较高，彼此间又存在共同的集体意识，在实行封闭管控的具体过程中，各项工作也能得到更积极的回应和配合。在华科采取积极封闭管控措施后，我发现外公外婆的紧张情绪得到了很大缓解。他们对学校充满信任，因此对其封闭管控的各项措施没有抵触和怀疑，以积极的心态在第一时间开始配合网格管理员工作。

近年来，"打开封闭社区，创造开放街区"是建筑和规划等学科关注的一个焦点。虽然从城市角度看，华科校园是一个封闭的单位大院，但我认为，其在这次新冠肺炎疫情前期面临的防控窘境，一定程度上也预示了开放街区在实践上会面临的一些矛盾和问题；如果从更宏观角度看，校园内居民所面临的不便与风险也印证了封闭社区为人诟病的某些特性。2016 年，国务院发布的《中共中央 国务院关于进一步加强城市规划建设管理工作的若干意见》指出，要"加强街区的规划和建设，分梯级明确新建街区面积，推动发展开放便捷、尺度适宜、配套完善、邻里和谐的生活街区……新建住宅要推广街区制，原则上不再建设封闭住宅小区。已建成的住宅小区和单位大院

图 6　家属区的网格线

要逐步打开，实现内部道路公共化，解决交通路网布局问题，促进土地节约利用"；在"战疫"背景下，面对各社区、乡镇"外来人员禁止入内"的横幅、阻断道路的土堆和卡车，对这个《意见》，或许我们又会有新的思考和感悟。封闭社区究竟要不要、能不能开放？开放街区如何建设和运行？街区中的集体意识和凝聚力如何创造？ 在特殊社会情境下，我们的居住区如何为居民提供安稳便利的庇护……

　　2020 年开头，对武汉，对华科，对我们都实在有些艰难。疫情暴发带来了无尽的伤痛，更应带来深刻反思；作为建筑学子，这次公共卫生危机也向我们提出了城市居住环境建设的新挑战。疫情不知何时能度过，明天却需要我们自己去争取。我也衷心祝愿我的校园我的家、祝愿我的城市和我们所有人，能够共克时艰，战胜疫病，阖家平安。

疫情之下的罗集乡

刘则栋（2019级硕士）

在疫情空前紧张的背景下，2020年的春节显得格外不平凡。也正是因为疫情，让我体验和感受了一次别样的年味。同时，我通过春节在家期间的一些见闻，看到了这次家乡过年与往常不同的一些现象，产生了一些对乡村的思考。

1. 防控疫情，乡村封路

我的家乡罗集村，属于荆门市旧口镇下辖的一个小村庄。位于武汉市西北方向，钟祥市南端，距离钟祥市市区半小时左右车程。在这个小地方，我与儿时的伙伴们一起念书，一起长大。

去年年底我还在武汉，当时我也并没有在意汉口的疫情，一路上回家乘坐地铁、火车都只是有少数乘客佩戴口罩，大家欢声笑语一片祥和，都没太把疫情放在心上。回到家乡后，大多数人还是一如往常，开开心心地等待农历新年的到来。

直到一天，武汉封城的消息突然传来，同时各医院人满为患的视频突然充斥网络。大量关于疫情的信息让我们村各家各户顷刻间提高了防范意识。村民们开始到街上药店、超市寻购口罩，一时间村里的口罩销售一空。

一天清晨，我发现一架挖掘机突然横在村里大路中间，从此，我们村也开始封路了。从1月25日左右，村里开始严格管制车辆进出，实现"封村"。乡镇间道路均被封闭，

图 1 村庄地理位置图

人员和车辆都不可出入。同时，村里对一些小路也没放过，采用在道路上放置杂物的方式。这看似极为"硬核"，却也十分奏效。一眨眼工夫，罗集村就将自己彻彻底底隔离起来。

2.蔬菜滞销，家禽贱卖

疫情管控以来，全国各大超市业绩暴增，城市中的人们开始囤积食物，尽量足不出户。同时，对餐饮行业更是一次巨大打击。大大小小的餐馆开始停业，导致蔬菜和生鲜在餐饮渠道出货量急速下降。

一方面，武汉的蔬菜水果价格大涨，更有甚者卖出30元一棵的大白菜，这种情况下身在武汉的人们很难买到价格称心的水果和蔬菜。另一方面，由于封城封路，大量菜贩子不能在城市和农村间顺利往来。据了解，进入大城市市场后，贩菜货车司机

图 2 村庄鸟瞰

图 3　滞销的蔬菜

还要被隔离 14 天，没有司机愿意送货。而收到货的一级批发商，也没有下游渠道可以出货。种种原因导致我们村大面积蔬菜找不到销路，菜农只能将白菜放置在田中烂掉。一日下午我步行到附近田里看到这一场景，大为心痛。

同时，饲料运输渠道也因疫情停滞，农村养殖户缺乏饲料供给，面对家中嗷嗷待哺的幼崽也一筹莫展。我们隔壁村一户人家每天都为家中 5000 多只鸡的饲料着急，万般无奈下，25 元一只鸡对村民出售，但就是如此，也难解燃眉之急。这次疫情让全国各地养殖户在过年期间经历了一次巨大考验。

3. 人去屋空，老宅萧瑟

疫情期间，我们村里一些平时在武汉工作的年轻人没能在封城前赶回来，只剩一些老人在家中独自过年。不仅如此，我还发现村里越来越多的人家早已举家搬离这里，只有破旧的老宅留在这里。如今，大多数农村的年轻人都会选择离开乡村，前往城市寻求工作，来改变家中的生活状态。虽然很多人前往了城市，但他们很多人在家乡都有一块自己的老宅。在农村，只要有一块自己的宅基地，再有一块责任田，虽然说不能保证生活富足，但也有了最起码的生活保障，这也是绝大多数老人留守农村老宅的生存方式。

过年我在家乡看到的景象让我想到了一个熟悉的词——"空心村"，似乎现在"空心村"这一现象已越来越蔓延。

最近几年，各种鼓吹一二线城市房价永远上涨，并且乡镇和农村终将衰落的观点甚嚣尘上，但农村的未来终将沦落如此吗？

4. 思考与展望

在轰轰烈烈的城市化进程中，大量农民主动离开家乡进城务工。经过多年的辛劳岁月，这些外来务工人员为城市建设奉献自身的价值。但如今，仍有数量庞大的外来流动人口在当前所工作的城市中没有安栖之地。微薄的收入与高昂的房价不成比例，严峻的生活压力迫使这些人口始终处于流动状态而不能在城市"落地"。他们只能任凭自己的父母在偏远乡村小屋中日渐衰老，家中的老宅也逐渐破败。最后，农村变成了"空心村"。

但我相信，"空心村"不会是乡村的最终结局。农民向城镇和新型社区不断集中，土地也会向适度规模经营集中，而因"空心村"占用的土地，或许会得到利用整治。终有一天，家乡的面貌将会焕然一新。

疫情下的春节，不一样的年味。今年春节在家，体会到的是多年难得的安静。从电视新闻上获悉，就在除夕夜，全国有众多医务工作者为了国家，舍小家请命出征武汉，场面令人动容，这就是责任和担当。在国家和社会危难之时，我们每一个人都应有所为，有所不为，做好自己应该做的事，共克时艰，静待春暖花开。

故乡的奔牛镇

王丹（2019 级硕士）

直到这次写回乡记，我才知道我的家乡原来不只是一个教育搞得还不错的小镇子。

奔牛，虽让人联想到西班牙的奔牛节，但它却是记载千年的历史地名。据宋咸淳《毗陵志》引《舆地志》记载："汉时，有金牛出山东石池，到曲阿（今丹阳），入栅断其道，牛因骤奔，故名。"《四藩志》记载说："万策湖中有铜牛，人逐之，上东山入土窟，走至此栅，今栅口及堰皆以此号。"宋以后，已统称奔牛，明、清各志记载均循此说。北宋元祐年间，诗人苏东坡过常州赴杭时，见奔牛闸已废，六月无水。他在《次韵答

图 1 奔牛镇公园

图2　康熙南巡图第六卷（画中选取了奔牛、朝京门两处重要节点）

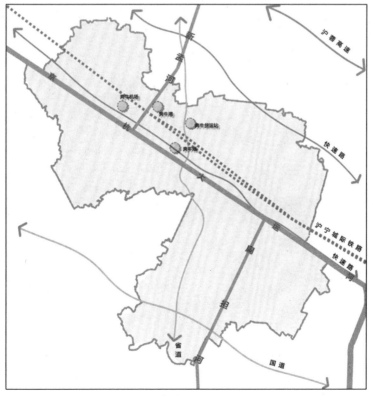

图3　奔牛镇镇域图示意

贾耘老》诗中,曾有"东来六月井无水,卧看古堰横奔牛"的感叹。1949 年 4 月,奔牛单独建镇,成为武进县唯一的县属镇。

奔牛镇位于江苏省常州市西侧,是一个典型因交通发展起来的乡镇,优势明显。古时它便是水路要冲,称为奔牛堰。隋唐时期开挖京杭大运河、孟河,水运贯通集镇东西南北,成为名噪江南水乡的商埠。近现代则紧邻沪宁高速,京沪铁路、国道、省道穿镇,并建有奔牛火车站、内河奔牛港与奔牛国际机场。

从 20 世纪 80 年代绘制的旧地图看,奔牛镇中心位于运河北侧,也就是现在老街的所在地。对于老街,我的印象已不多,依稀记得天禧桥下的棋牌局、老电影院、中国人民银行房子前的照相馆和录像室、佝偻的修鞋师傅、古老的万缘桥,还有小时候陪奶奶穿街走巷去观音堂烧香祈福。查阅资料才知以前正月十五老街便会举办热闹的

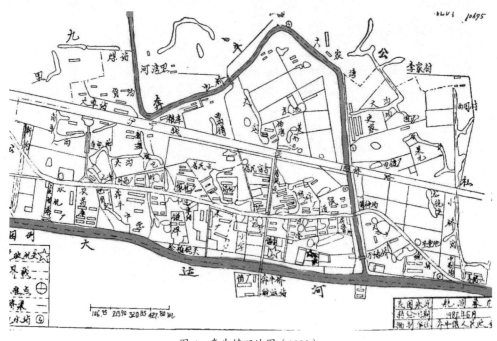

图 4　奔牛镇旧地图(1982)

214

图 5　奔牛镇老街

图 6　东街储蓄所旧址（原中国人民银行）

图 7　万缘桥，最晚在宋代已有多次重建，最近一次建于 1878 年

灯会，各种故事人物、戏文小说，异彩纷呈，《新华日报》也曾专题报道奔牛灯会；另外，端午节会在运河上举行划龙舟比赛，这一天必唱《白蛇传》。但这些特色活动似乎不再被提起。

关于家乡，家人说得多的还是 20 世纪初英国人建的火车站、抗战时期日本人建的碉堡、陈圆圆的故乡等。家乡的历史和特色仿佛早已被穿梭的船只、火车、汽车冲散，在追随现代化的步伐中不记得回头望一眼它曾经的美丽。

从历史保护角度看，像家乡这种交通较发达，早早发展工业且具有悠久历史的乡镇，其实亟需抢救文化遗产。小小的奔牛镇其实就是常州的缩影，记得阮仪三教

图 8 建于 1907 年的奔牛火车站洋楼

图 9 抗战时期日本人建的碉堡

授曾叹气，上世纪 80 年代他找当地领导说常州可以申报历史文化名城，哪知他们说不需要。2013 年他们却为了这个名头找到他，而这时包括城墙在内许多重要历史建筑群大多已被拆光。直到 2017 年，奔牛镇因大运河 3 年前的申遗成功才启动了大运河文化带基础工程，开展对运河两岸生态步道、民居修复、老街复兴等工程。

图 10 奔牛镇南区学校街景

全国还有许多工业城市，他们不同于旅游城市，首先遗留资源屈指可数，有些具有很大价值的遗迹分布零散，不能构成片区性的产业，所以对它们的保护再利用陷入困境；其次，对文化遗产开发意识一直很弱，长期的开发性破坏已习以为常，导致城市面貌越来越缺乏特色。另外，工业遗产保护再利用也正是时候，希望政府和相关单位都能意识到。

最后，希望疫情早日结束，让我能带上相机，再走一遍老街。

疫情下的城郊小区

杨轶（2019 级硕士）

1月23日10点，武汉市关闭离汉通道。一个千万级人口的城市突然安静了下来。疫情突如其来，从万家宴到居家隔离用了不到10天。22号和23号变化之大是任何人都没想到的。封城前一天大家都还自由自在逛街，而且没人戴口罩。封城第一天仿佛上街就会被感染一样，大家一下全都不出门了，超市里的蔬菜瞬间抢光。武汉市的公共交通也停止运营，之后私家车也不准上路。刚开始有一种被周围抛弃的感觉。我

图1　高速公路收费站关闭

们住的小区也开始采取封闭管理措施。网络上也有安慰大家的话："现在躺在床上就是给国家做贡献的时候。"于是我的宅家假期就这么开始了。

相比疫情期间被困在外地不能回家的人我已经感觉自己很幸运了。能在自己家中待着不出门其实挺安全。

疫情之下，我发现自己居住的社区是一个环境优良、鲜氧爆棚，又具备齐全配套的地方。随着生活水平的提高以及城市公共交通越来越发达，很多居民也开始向城市周边或外部迁移。更多的人开始追求心中向往的更有品质的田园生活方式，即优雅的生活方式与舒缓的生活节奏。就像霍华德在其著作《明日，一条通向真正改革的和平道路》中提到的"田园城市"一样，这种城市兼具城市和乡村优点。可以说田园城市实际上就是城与乡的结合体。城市的钢筋水泥是人类科技不断进步的象征，但是冰冷的钢筋混凝土难道就是人类居所的最终形态？长期在封闭空间内会使人产生压抑感，走出户外拥抱阳光才是正道。因此建造类田园城市必定是未来城市发展的方向。城市结合花园的案例很多，比如纽约中央公园就是大家耳熟能详的例子。公园最早在1857年开放，当时面积为778英亩（315公顷）。1858年，费德列·洛·奥姆斯特和卡弗特·沃克斯以"草坪计划"（Greensward Plan）赢得了扩展公园的设计竞赛，同年开始施工，次年开始部分区域向公众开放，南北战争时向北扩建，1873年完工。现面积843英亩（341公顷），长约4公里、宽约0.8公里。在城市中心修建大型公园很好地解决了密集型城市中工作的人们日常休憩的需要。

换一个尺度看，我们现在居住的社区也可看作半个微型城市，之所以称其为半个，是因为社区并不具备完整的城市功能，但它完全可以拥有城市尺度下舒适健康的人居环境。在武汉疫情风险降低后，大家可以出门，但仅限于社区内部活动的情况下，社区内部环境和设施就显得尤为重要。此次疫情过后相信大家对社区的容积率要求会更高，而拥有宽大开敞空间的社区，会更受到年轻购房者青睐。较低的容积率不仅保证了居住在社区内部居民的私密性，又保障了居民生活的安全距离，降低感染病毒的可能性。在平常日子里，又能提供自由享受的广阔天地。在每一个春风拂面的傍晚，陪自己心爱的人漫步，或是与友邻畅谈，都是在恣意享受生活。

在建筑尺度上看，如今人们更渴望的不再是宽大的客厅与主卧，而是一个宽大的阳台。现在家家都有阳台，但是阳台是人们居住环境中唯一能与外界交互的灰空间，在人们如今都已拥有较大客厅和主卧的条件下，多一个宽大的阳台可以做很多别的事情，比如养花、遛狗甚至锻炼身体，而不仅仅是晾衣服和堆放杂物。尤其疫情期间稍加打理的阳台既可增加居室空间，又起到很好的美化作用。拥有一个宽阔阳台，种上一些花花草草，配上小茶几一张，就可以一本书一杯咖啡在阳台上惬意享受整个下午。

过去"火炉"一直是不少人对武汉的第一印象，但是如果一直住在武汉，就能明显感觉近些年夏天武汉没以前那么热了，这与近些年加强绿色城市建设有关。如今，

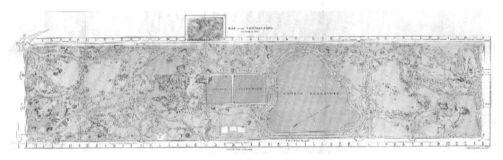

图2　纽约中央公园早期规划

图4　在阳台上惬意享受午后

图3　居住区内部景观

图 5　东湖绿道

图 6　汉口江滩

武汉绿化覆盖率近 40%，人均绿地 10 多平方米，城市植被犹如一台台巨大的绿色空调，不断为城市降温。据武汉区域气候中心统计分析，武汉植被覆盖率每提高 5%，炎夏地表温度可下降约 1.3℃。武汉东湖绿道修好后，一直是武昌居民夏季消暑纳凉的好去处。在武汉沙湖公园，有一块 3000 多平方米的"梦想花园"，里面有三色堇、月季等组成绚丽的彩虹花带，廊架上一盆盆绿萝垂下枝条，废弃轮胎、水管改造的长颈鹿姿态各异，各色绿树、草坪、花朵错落有致。在武汉汉口江滩绵延数公里的绿色公园甚至赛过了纽约中央公园。重视经济发展没错，但改善人居环境的保护应是经济发展的基础和"底色"。武汉的城市规划者划定了"生态红线"，城市逐步重视城市绿化在人们生产生活及经济发展中的重要性。

武汉具备了得天独厚的自然条件，千湖之省到百湖之市，如果合理开发一定能打造出中部田园城市。绿水青山就是金山银山，把生态环境做好了，让人与自然和谐相处才是做到了可持续发展。

家乡的变化

杨素贤（2019 级硕士）

我的老家位于河南省驻马店市驿城区，位于中国中部平原地区，山峦极少，是豫中地区非典型农村聚落村庄。本文试以驿城区马庄村委管辖下的 8 个村庄为例，来阐述乡村在 20 世纪来的一些变化。它们分别是：高楼庄、毛庄、唐坡村、马庄、后赵庄、前赵庄、井庄、宋庄，流经村子的河流呈东西流向，将几个村庄串联起来。

村庄周围分布着大面积农田，聚落肌理除了道路就是农田与河流。

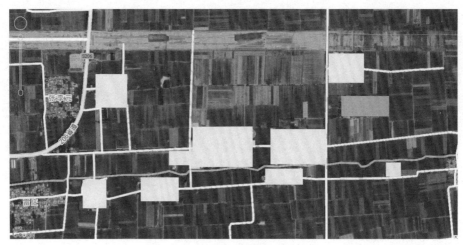

图 1　聚落肌理分析图

在中国广大农村,礼制观念和等级制度一直制约着农村居民的社会行为和生活方式,左右着乡村聚居的微观空间结构,影响农宅建设和布局。这里采用传统的"四合院"形式,并不像南方村落一样形成严格向心或等级有序的乡村聚落格局。但依旧崇尚风水学,小至住房,大至村落,无不讲究风水图式。建筑朝向、宅基地选址都会受到影响。这里和中国的传统村落一样,没有一套完整的规划理论,风水图式的某种意义就成了村落选址和布局的指导准则。家乡农村聚居普遍坐北朝南,负阴抱阳。

1. 地区简介

（1）聚落区位与交通

聚落地区位于南北铁路线上,交通相对优势明显。

这里属于驿城区顺河街道管辖,最近的省道是S206,可与驿城区市区联系。最近的县道是X028,与汝南县关联。最近的主要城市道路是开源大道,在整个聚落北部通过最近的宋庄和一系列小支路与该研究聚落联系。

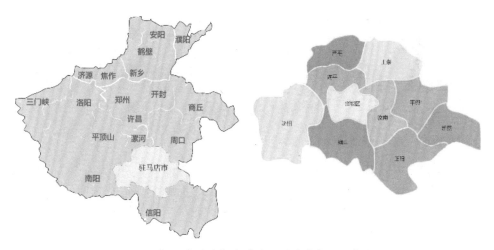

图2　宏观区位　河南省–驻马店市–驿城区

图 3　宏观区位

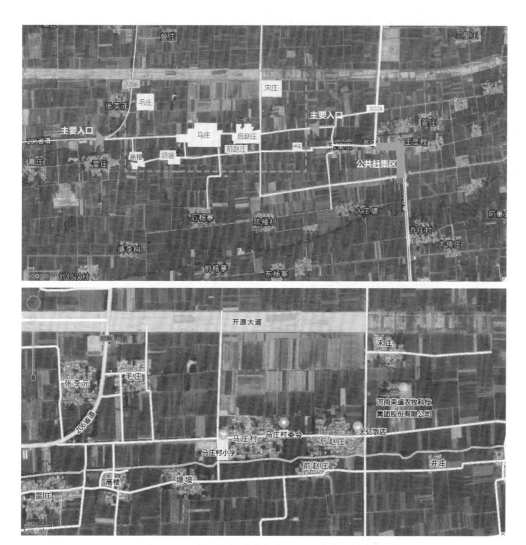

图 4 微观交通分析（蓝色为河流，白色为道路）

该区域外部通过 S206 与外界关联，内部通过一条主要道路沟通各处，呈现一种串联形态。

（2）建筑类型与特征

表 1　研究区域建筑类型与特征

建筑类型		建筑特征
居住建筑		一般一层二层居多，砖为主要建筑材料，四合院性质的地域性改造，一般有外墙粉刷饰面，具有一定的围合性与防御性
公共建筑		①体育场：以前没有，最近 5 年内大面积修建，成为农村公共游玩与休闲的地方，提升了地区文化氛围和农民归属感
		②小学：一直存在，生源流失严重，但仍持续运行，校园内建筑规划与功能配套越来越好
		③教堂：一直存在，周围建筑为了美化与调整全部拆迁，教堂依然存在，并且经历过一次大规模翻新重建

建筑类型		建筑特征
公共建筑		④卫生所：以前是某户人家房间的一部分，后来独立出来单独成院落，履行城市里的医院功能
		⑤村委会：位于体育场内部，主要承办村委日常事务处理、档案归档与存放
		⑥戏台：在体育场内部，农村自我功能增加与更新的产物，丰富了文化氛围
农业建筑		主要是一些农业大棚

（3）空间布局特征

建筑布局上，村庄沿道路分布，建筑沿河两岸呈长扁形分布，多为一两层低层建筑，沿道路两侧不规则分布，呈带状。且以马庄为一个中心，沿主要道路带状串联式布局，与道路关系非常密切。

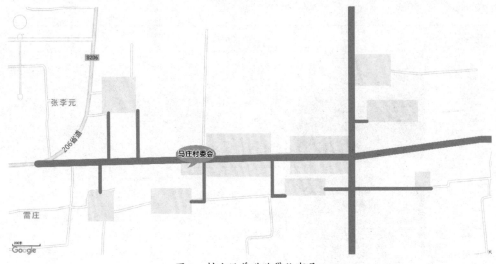

图 5　村庄沿着道路带状布局

② 沿河流两侧串联式布局

靠近河流选址，村庄布局都与河流产生关联，村庄间错落分布，既分离又联系。

图 6　村庄沿河流两侧串联式布局

2. 几点变化

假期访谈村里的老人，通过老人们的讲述（具体到1980年至今）以及亲身经历（从1996年以后为自己亲身经历），通过自己的观察，这几个村庄有共同的几点变化，可以分为以下几方面：① 聚落有扩张倾向，但房屋空置；② 建筑更新到一定程度后，更新速度放缓；③ 公共服务资源与设施不断增加，公共文化氛围逐渐加重；④ 集市依然存在，但地位下降。

随着城市居住者一定程度回迁思想的影响，部分田地逐渐被加建成房屋，农民会有一种无意识的竞争，争相加建新房，但新房的外立面还保持统一风格，除占用原来耕地外，并不破坏整村风貌，但这些房间大多空置，并没有长期居住者。

随着城市化现象加重，农村人口流失严重，大量人口涌向城市，所以农村房屋2020年代的更新速度较2010年代整体变缓。

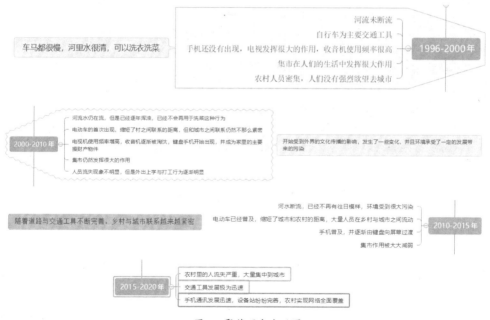

图5　聚落历史变迁图

新加建的空置房屋

城市化导致的闲置多年的房屋

近年来增加的墙体艺术装饰

集市存在，但已经没有往年热闹

图7 聚落与建筑现状

近年来，物质生活满足后，人们会在精神方面所有追求。如增加体育设施，满足了人们对健康的追求，增加墙体艺术反映人们对美的追求等。

近年来，农村发生了翻天覆地的变化，包括一些设施的增加与新功能的加入。大量公共空间被给予虚体承载空间，丰富了生活环境与精神生活内容。

以最大的村庄马庄村为例，之前公共空间多分布在道路两侧，没有集中布置在村庄外部；私密空间多为住宅，集中分布。公共空间没有建筑实体承载。之后，在村庄外部集中增设了公共空间。

表 2　资源与设施增加类型

分散型	道路两边随机		这种形式的虚体空间在很早之前就存在，为村民自发形成的公共交流区
	健身小广场		
集中型	体育场		后来加建，丰富农村文化生活，人们会在闲暇时间在体育场聚集约会，一些实用性建筑取缔后建成绿化广场，但使用率几乎为零
	绿化广场		

　　增设这些资源与设施，营造了一些精神活动场所，增加了人们的归属感和文化氛围。新设入村牌坊，墙面被统一粉刷成一个颜色，墙、路边统一高度与"款式"的栅栏，为乡村带来了崭新面貌。

231

乡村入口增设牌坊

墙面统一粉刷黄色，规整风貌

墙绘开始出现

增设栅栏，统一绿化

图 8　文化氛围营造

3. 现状与问题

目前聚落面临一些问题，笔者通过观察总结，分为以下几部分：① 河流断流，对环境造成不可逆破坏；② 垃圾整治；③ 人口流失严重，短时间内没有回流可能。

（1）河流断流

河流断流经历了好几个阶段：

A，1996～2000 年，车马都很慢，河里水很清，可以洗衣洗菜。

B，2000～2010 年，河流仍在流淌，但逐年浑浊，已不能洗菜，人们经常往河内抛弃垃圾。

C，2010～2015年，河水彻底断流，已不再有往日模样，河道内垃圾遍地，环境受到很大污染。

（2）垃圾整治

环境破坏到人们开始有意识整治也经历了几个阶段：

A，2000～2010年，随意丢弃生活垃圾，没有任何保护环境的意识。

B，2010～2015年，逐渐意识到自己的行为对环境造成的伤害，开始有意识集中处置垃圾，但并没有什么实质性行动。

C，2015～2019年，随着市区参评全国文明城市，带动农村集中处理垃圾的步伐，政府开始加建一些集中丢弃垃圾的地点，效果并不理想，但对人们的意识产生很大影响。

D，2019年至今，开始使用垃圾桶，随意丢垃圾现象依然存在，但大有好转，垃圾桶被按地区分类编号，有专门人员在固定时间收集垃圾集中处理，环境污染大大改善。

（3）人口流失严重，建筑空置，乡村空心化

这十来年过去，现在的集市只有老人和孩子。等老人去了，孩子走了，乡村还剩

垃圾污染，被随意丢弃的垃圾　　　　　刻有"垃圾不落地，乡村更美丽"的垃圾桶

图9　垃圾污染环境与整治措施

下什么，引发我们思考。

导致农村人口流失的原因很多。21世纪以来，农村社会群体和经济、文化和政治结构的衰败和破产迫使新一代农村人口快速流向城市，更重要的是中国农业开始由劳动密集型生产向集约化生产发展，农村人口开始大量剩余；[1]

人口流失导致大量房屋空置，农村活力明显下降。虽然农村经济条件越来越好，汽车等大型家电的引入提供和保证了更舒适的生活品质，但乡村活力仍大大降低。

经济增长、经济结构的变化，加速了该区域乡村劳动力的转移力度和速度，从而加大了乡村人口向市区集聚，促使农业人口向城市化转移速度加快。

4. 相关思考

乡村也在努力打造一个与城市差别越来越小的舒适的生活空间来提升人们的生活品质，也给人们提供归属感，创造更加健康和多元的生活方式，给了人们很多可能。除了基本的居住功能外，增添了许多公共服务功能，也在努力为人们打造更加"走心"的生活环境。我们没必要悲观，毕竟乡村变得越来越好。但乡村更新如何在城市化进程中保有自我特色，而不是千村一面？如何让人群有回流的可能性？

老家农村发展正面临盲目求统一，乡土特色和民俗文化流失。农村面貌越来越统一，统一粉刷的墙面，同一高度的花坛与栅栏……虽然为乡村注入新的气息，却失去了特色。农村发展应该有一些自发性改造，而不是套用一个模式。

城市还在快速发展阶段，短期内人口回流应该不大可能，城市确实比农村在各方面吸引力大太多，但农村作为人们周末休闲目的地还是有很大保存保护的可能。我们也没必要陷入维修—空置—衰落—再维修的死循环。我们不妨顺应自然，更无须因进村口的几处维修铺和商店类建筑风貌不好而拆掉，硬生生变成无人问津的绿化公园。有时政府力量介入并没有民间自发利用来得更巧妙，应尽量减少来自非原住民"拍大腿"式武断决策出现。

村里那些沟渠的前世今生

李登殿（2019级硕士）

我家乡在河南省禹州市古城镇的小集村，位于河南中部，伏牛山脉（秦岭山脉东段）和豫东平原过渡带，北部、西部为山地丘陵，中部和东南部为冲积平原，整个地势由西北向东南倾斜。春季干旱多风沙，夏季炎热雨水集中，秋季晴和气爽日照长，冬季寒冷少雨雪。祖上是从山西洪洞迁至河南登封一带，在第四世迁至现在的村庄，到我这一代，已是村里的第十七代。家乡与大多数北方农村相似，建筑类型主要有平房与瓦房（坡屋顶）两种类型，属于典型的北方合院形制。村民日常收入主要依靠农业、外出打工、本土企业就业等几种方式。

20多年的乡村生活使自己对这片土地有着深厚情感，每当跟别人谈起自己家乡

图1　小集村地理位置

图2　小集村航拍

现状时，总会说，小时候村里泥泞的道路变成了水泥路，重新修建了村西头的戏台，村子北边新修了小游园之类，等等。深究下去，村里用来承载这些功能的场所，无一例外，都是将村里原有的坑与沟渠用泥土夯实，再在这些土地上修建村里的公共空间，改善村民的精神文化生活。

为什么会想起来探讨村里这些坑呢？在我还是幼童的时候，村里的土地复垦工作就一直在进行，早期是由村民自发组织，后期由于村里公共空间严重缺失，村民娱乐活动匮乏，便开始由村委会组织。2019年9月，村里的土地复垦全部结束，至此，村里的坑被全部填平。就这样，伴随几代人成长的大坑逐渐消失在了村民视线里，只能存活在村民记忆中。

这些坑怎么来的村里已无详细记载。通过对村里几位老人的访谈及查阅相关资料得知，清末民国初，河南匪患最为严重，而豫西地区土匪更加猖獗。主要原因是豫西大部分地处山区，为土匪活动提供了良好的天然屏障。此外，山区土地贫瘠，导致粮食产量不高，加之民国时期，政治腐败，军阀混战，阶级压迫，天灾频仍等原因，广大贫苦农民为生活所迫铤而走险，聚众为匪。为了生存，他们不得不向豫中、豫东地区抢掠，以满足生活所需。

平原地区的村落无险可据，为了抵御土匪侵袭，村里修建了防御性的寨墙，这些寨墙成为旧时村落的边界，至上世纪80年代，社会治安逐渐稳定，村落成员逐渐增多，

图3　小集村土地复垦项目公示牌

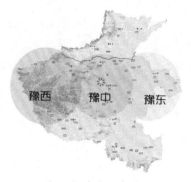

图4　河南省区域划分

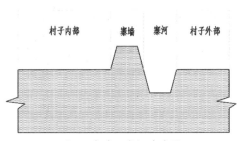

图 5　寨墙、寨河关系图

图 6　小集村路网、水系寨墙分布图

寨子内部空间较小，已无法容纳更多村民。寨墙与寨河功能逐渐弱化，建筑也开始突破寨墙限制，向寨外发展，村落形态及格局出现了新面貌，但上百年来村落的整体格局变化不大，整个村落依旧围绕寨子展开，向四周有利地形扩散。

沟渠除了具有防洪储水的作用，还可作为演出的空间。

（1）防洪及储水

我的家乡位于暖温带季风气候区，夏季炎热雨集中，冬季寒冷少雨雪。特殊的地理位置及气候造就了夏天汛期到来时，洪水十分凶猛，整个村子会被水淹没。有了这些沟渠后，汛期到来时，洪水就会被这些沟渠引到村外河道，从而化解村里一次又一次的洪灾。

北方的冬季总是漫长而干冷，水量不充足，对冬小麦浇灌十分不利，村里人就会在沟渠旁挖出特别大的坑，在汛期到来时，用来储藏雨水。干旱时，村里人就会用这些水进行灌溉。

（2）演出空间

我们村是著名的曲剧之乡，戏曲文化在村里盛行，最红火时，村里有三个剧团外出演出，维持生计，所以村西头的大坑，稍加改造，就兼有戏台的作用。谈到这个，大家可以联想一下古希腊最早修建的戏台以及斗兽场，在这样深坑内演奏戏曲，音效及观感效果甚佳。

沟渠空间在今天能否活化利用？

村落内部的公共空间作为村民之间沟通交流的场所，对促进人与人之间的感情十分重要。在移动互

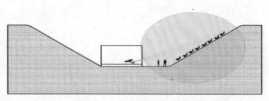

图7　原始戏台演出示意图

联网还没有大规模普及的时代，村落公共空间就是整个村子的"微信群"，整个村子的消息都会通过这个"微信群"传播。由于这个"微信群"的存在，村民间的沟通交流也方便许多。但不同于微信群，这个公共空间，提供了村民面对面交流的机会，大家沟通更加直接。

传统公共空间可能是村里的一棵大树、一眼水井、一块大石头，甚至是村里的交通节点，一般都是村里比较有代表性的地方。随着社会生活水平提高，村落内部公共空间逐渐演变成广场舞的小广场、新修建的小公园，甚至一些公共停车场。

近年来，由于地下水位下降，水资源不足，沟渠防洪作用逐渐下降，加之现代化农业浇灌设备也安排得十分完善，昔日沟渠的地位逐渐下降。村里的土地复垦工作，反反复复进行了许多年，一些大坑被填埋后，形成了许多新的公共空间。比如村西的大坑被填埋后，修建了村里的戏台及村民文化活动广场，村子北边的坑塘被改造成一个小的湿地公园，还有一些沟渠填埋后，承担了停车场功能。

（1）活化利用——修建戏台

戏曲文化是中原文化十分重要的一部分。戏台作为戏曲文化的载体，在中原地区随处可见，作为旧时村民生活的文化载体，看戏也是仅有的娱乐活动。我们村由于迁入时间短，加之村民生活贫困，起初没有戏台。旧时，村里唱戏全部用移动脚手架搭建简易戏台。后来，伴随着村里的沟渠逐渐填埋，内部有一部分闲置土地，加上村子内部戏曲文化蓬勃发展，村民对修建固定戏台的渴望逐渐加强，村委便组织修建了现在的戏台。

戏曲文化的发展与土地复垦共同带来了村里的戏台，戏台的观众席留下大片空地

图8　小集村戏台

图9　小集村广场之一

图10　小集村广场之二

图11　小集村湿地公园之一

图12　村庄周围河流

图13　小集村湿地公园之二

带来了多种多样的看戏姿态。平坦的广场也带来大量人流，平日里，村里的孩子会在这里玩玩具，青年人会在这里打篮球、乒乓球。中老年人会利用健身器材，简单锻炼身体。土地复垦给村民带来了大量公共空间，丰富了村民的日常生活。在这块广场上，每个年龄段的人都能找到自己需要的东西，极大丰富了村民的精神生活。

（2）活化利用——修建湿地公园

由于原有沟渠有一小部分存有水流且靠近河流，因此，村委会依河就势，将这部分沟渠改造，形成一个小的湿地公园，作为整个村子的绿肺，就此解决了村内公共空间缺失问题，使村民日常活动空间再次增加。以前晚上整个村子封门闭户，现在大家晚上出门都喜欢去湿地公园逛一逛。这虽然是一个简单的小改造，却给村民带来了一个丰富、多元化的空间。

可见，公共空间对居民日常生活营造有多重要。有了良好的公共空间，村民也喜欢出门走一走，增加邻里交流，塑造良好的邻里关系。新的公共空间营造后，村民原

图 14　村落复垦土地现状之一　　图 15　村落复垦土地现状之二　　图 16　村落复垦土地现状之三

有的公共空间逐渐消失，新的公共空间逐渐迸发出新的活力，人们日常的生活方式也伴随公共空间的改变而改变。

（3）活化利用——停车场

经济社会的发展，给这个年代带来了很多方便，比如汽车的产生，给人们的日常出行增添了许多方便，但也带来停车难的问题。每逢过年，村子大街两侧停满了在外务工村民的车。村里原有沟渠被填满后，村民自发创造了一些停车的空间，解决了村里停车难的问题。

大片闲置土地得到了重新利用，与此同时，也带来一些问题。昔日村容村貌遭到不可逆的破坏，往日沟渠只能活在一代人的记忆中。其次，沟渠被填埋后，整个村子内部的排水及防洪是个大问题，谁能保证洪水不会再次袭来？

沟渠是村子一个年代的岁月见证，也是清末民国初村民抵御土匪，保卫自己家园的记忆碎片。新的时代，这些沟渠及寨墙伴随村庄不断扩张，已没有作用，被大量拆除。不可否认，在时代洪流下，有些东西确实要被淘汰，但有些关于精神层面的记忆应该存在我们大脑深处，让子孙后代汲取前辈精神，这应该才是最重要的。

（非常感谢给我提供帮助的乡亲们！）

"疫"中回家——一次时空压缩与拉伸的经历

何盛强（2018 级硕士）

武汉—佛山：同样的回乡之路，别样的时间历程

1 月初我跟随工作室先后到十堰、襄阳参加调研，7 号返回武汉时喉咙开始发炎，接着就是感冒咳嗽。尽管在校医院看过医生，在学校附近药房买了止咳药，16 号回家后也在当地医院就诊，还是没有治好咳嗽。这个情况让我一度怀疑自己是不是中招了——感染上了"新冠肺炎（COVID-2019）"。

新冠肺炎跟 17 年前的 SARS 很像，具有呼吸困难、咳嗽等症状。SARS 最早在我的家乡——佛山被发现，然后蔓延全国。当时恰逢农历春节，来自全国各地的务工人员离开广东，节后再度返回。春运大军以广东为中心点，向全国辐射，织成一张巨大的网，伴随这张网蔓延的，还有 SARS 病毒。这次新冠疫情传播中心从广东佛山变成了九省通衢的湖北武汉，又正好赶上春运，给疫情控制带来了很大困难。由于交通方式的多样性和便捷性，传播速度比当年非典更加快速。

随着新冠肺炎形势一天天吃紧，网络、报纸、广播里每天都在报道病毒蔓延和武汉市收治、抢救病人的消息，而自己也是从武汉回来，并一直咳嗽。为了确定是不是中招，在家人陪同下到当地医院急诊科看病。整个过程中，从急诊科医生、呼吸科主任再到防疫办医生、医院领导，来来回回很多工作人员都在询问我的情况，担心我会不会成为本地第一个病例。虽然检查结果不是很明确，但医生们建议我留下来住院，

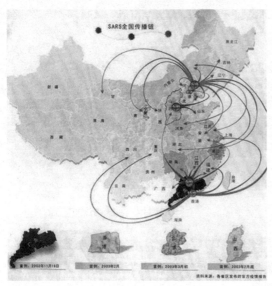

图 1　SARS 全国传播链　　　　　　　图 2　至 2 月 14 日新冠肺炎疫情最新动态

接受隔离观察。

　　从武汉到广州高铁只需 4.5 小时，交通的发展大大缩短了人们穿梭在各地的时间，通信技术的急速发展更让时空不再是障碍。时间与空间就如一块海绵，在人类追求更高生产效率的同时，不断被压缩。

　　对比以往回家的历程，在医院隔离使得"春节回家"这件事空间上增加了距离与迂回，时间上增加长度与不确定性。隔离病房本质上是一个砌体围护物，范围有限，在走廊和阳台间建立一种合理、开放而又具体的人与人以及人与自然之间的关系。我置身于一个隐秘而不受干扰的绿色地带，世俗的纷扰被屏蔽，剩下的唯有寂静所带来的喜悦与自觉，注意力也从外界纷乱的思绪中收回至当下。内心的回归使我从现代生活节奏中游离出来，仿佛进入"时间变慢"的时空拉伸的情境。时空变得绵长与模糊，短暂性、即时性的压缩特征变得有些恍惚，历史的过往似乎可以折叠并反转到眼前（图 3）。

图 3　反转的时空——家乡 2003 年的"非典"与今年的"新冠"

隔而不离——物理空间的阻隔与虚拟空间的开放

办理好住院手续，我被安排住在四人间的病房接受观察，而且还是走廊尽头，但不像网上那种严格隔离，还配有阳台，真的有点像住酒店的感觉。虽然不能离开房间，但是在网络上畅通无阻，也给自己营造了疫情下对城市与建筑思考的氛围。

病房很安静也很无趣，每天除了打针吃药就是浏览网上信息，饭菜都是家人送过来。听家人说，村里的市场由于疫情防控禁售活禽和猪肉，他们只能买到鱼类和蔬菜。为此我尝试在网上订购新鲜猪肉，没想到还真能送达，虽然配送费略高了点。疫情下，电商平台和超市保鲜销售凸显功能，有效解决了居民生活物资短缺的问题。此外，口罩紧缺，大家都只能在药店公众号上提前预约。网上预约口罩、拼团购买生鲜果蔬、无接触取货等方式避免了接触密集人群和交叉感染风险。现代城市不可能回避建筑高密度和人口高流动。城市运行、城市治理也必须做出针对性的科学合理对策。

武汉是这场抗疫战争的风暴眼，每天都在网上看到武汉市"一床难求"、医护资

图 4　从网上订购的生鲜猪肉

源紧缺的消息，对比自己一个人住在偌大的房间，享用着医生护士日夜的关心问候，着实有点着急，幻想着武汉的新冠肺炎病人能移送到其他地方救治。这样医患配比问题或许能得到缓解。突发疫情往往能考验一个城市的医疗资源储备是否充足。"非典"爆发当年，医护人员相继倒下，当时中山市筹建的非典病区，还是一座废弃旧楼，病区所需一切医用物资，大到呼吸机小到一个针头，都要重新搬过去，时间也只有一天半，相当紧急。

　　未来大城市和特大城市的规划设计应未雨绸缪，及早建成应对突发公共卫生事件的核心医疗设施，使其成为城市医疗资源的战略储备，在疫情暴发时能有充足的医疗资源体系支撑。医院规划设计也应预留应对突发状况的应急场地，预先做好场地基础、水电气等各类机电等基础设施储备工作，有条件的还可及早做好模块化应急医院备件储备和快速生产应对预案。如果火神山医院、雷神山医院能在疫情大面积暴发前规划建设好，或许武汉的情况不会如此严峻。

　　疫情之下，全体国人进行了形式多样的"线上生活"——王者荣耀服务器宕机，每天例行的身体状况登记，小程序监测附近确诊病例分布，等等。我在病房里也通过各种小程序、App了解各种各样的新闻和确诊病例分布。在这个过程中，我们似乎也能看到未来线上生活的一些"雏形"。工业时代，我们依靠交通网与能源网构建了庞

图 5　火神山医院总平面图

图 6　南京市公共卫生医疗中心应急工程总平面图

大的社会与经济，而在数字时代，移动互联网和万物互联将每个人联系起来，无论你在何时何地消费了什么，出行方式如何，都有相应的数据记录，真正做到"全程留痕"。

　　大数据的基础作用进一步凸显。比如我使用的"密切接触者测量仪"，通过输入自己的姓名和身份证号，就能知道自己是不是密切接触者，在保证数据安全的情况下，系统能协助排查疑似人群。还有广东省第一财经商业数据中心研发的小程序，输入地址就能看到附近有多少病例，最近的病例距离你所在位置多远。高效管理的海量时空数据，可以减少监管盲区和由于信息不对称造成的风险蔓延，明显提升社会危机应对

图 7　佛山市顺德区确诊病例分布示意图

图 8　家庭周边疫情分布图

水平与效率，从而有效辅助疫情防控。大数据已成为社会基础性战略资源，蕴藏着巨大潜力和能量。

时空压缩情境下的回应方式

正如前面所说，由于科学技术特别是交通与信息技术的发展，我们完成或参与一件事情的时间、空间代价正在缩小，时空压缩现象开始呈现一种爆发甚至扭曲式发展。美国著名的新马克思主义学者戴维·哈维在继承列斐伏尔一系理论的基础上，通过《后现代的状况》一书首先提出批判性的"时空压缩"理论，深刻揭示了时空压缩的深层动因——资本主义的贪婪本质所导致的对生产效率的极端追求以及对过度积累问题的转嫁。时空压缩图景随着资本扩张蔓延全球，每一个人被卷入时空压缩的图景中，生存压力增加、幸福感下降，空虚、焦虑、无价值的感受变得常态化。

空间压缩而造成的共时性现象越来越明显，在这种空间中的一个场所发生的事件，可能立即和呈网状地影响到其他场所，正如本次疫情。加速的生活节奏、日新月异的生活使我们逐渐抛弃传统的价值观、生活方式、稳定的关系、对事物的依恋、已接受的行为和存在方式，而接受消费主义式的商品与文化轰炸，追求"即刻性"（即刻和快速食品、进餐和其他满足）与一次性消费的价值和优点。日常生活变得"表面化"和"肤浅化"。短视、浮躁、过分简单化成为社会常态。人们在时空压缩压力下被"异化"，变得只关心如何更快更多地获取和生产"物"，而无暇顾及获取和生产过程中种种人性的温度与光辉的注入。比如繁忙的生活让我们没有时间像以前那样跟家人好好吃饭与聊天；自媒体（抖音、快手）和手游的出现，使人们沉醉于轻而易举获得的"幸福"当中，思维和思想被不断侵蚀；批量化快速生产的工业制品，失去了过去的精致与文化内涵，等等。

在时空压缩浪潮下，缺乏人情味的工业美学与物质主义，压缩了空间的可能性，使建筑与城市规划走上"狭隘的功能主义"，而忽视了人们的心理、历史、文化、精神需求。在病房隔离的个人思考（城市规划的唯功能主义与短视、数字媒体的扁平虚

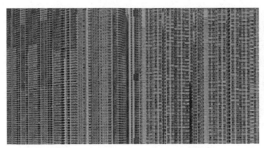

图 9　香港的高密度住宅

无、大数据计算与行为预测），可以说是时空压缩在 21 世纪对社会文化冲击及粉碎个人时空体验的反映。近来在国内兴起的城市综合体、高密度住宅更是增量城市发展背景下时空压缩图景的直观显现。

库哈斯是时空压缩效应的皈依者，他的"曼哈顿主义"流露出对"时空压缩"价值的接纳与歌颂。他有意要营造一类高密度、高度流变的空间，蒙太奇、拼贴、破坏秩序、功能叠合、消解楼板、随机挖切等，这些手法构成一种时空压缩价值的美学（或空间）转化或哈维所言的"政治美学化"，西雅图公共图书馆就是例证。我们并不是要对此提出批评，而是借此思考：面对时空压缩，除了融入这扁平的海洋，是否还有其他回应方式？

或许我们要从那些经典建筑师找到答案。如路易斯·康、卡洛·斯卡帕等，这类建筑师没有沉没于这扁平的海洋而保持着对建筑精神意义的不懈探索，他们的作品在形式上表现出极简主义美学或清晰的建构特征，适应时代步伐，空间上以漫游的路径、围合的庭院及光、水面、天空、草地等自然要素植入来渲染宁静的气氛，传达对物质主义、极端追求效率和利益的工业文明的反思，营造一种"逆时空压缩"，即时空拉伸空间。这让我想起了安藤迂回的漫游坡道，巴埃萨纯如净土般的内庭，西扎多重秩序交叠使人如同置身迷宫般的空间体验，和卡洛·斯卡帕那仿佛将人带入另一个世界般的考究节点。

中国多年来的经济高速发展，一方面拥有更多物质技术层面的话语权，另一方面

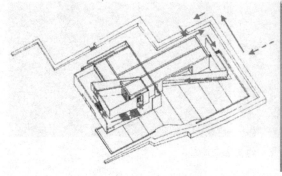

图 10　成羽町美术馆入口流线分析　　　　　　图 11　加斯帕住宅的内庭

则以一种前所未有的速度与深度撕裂着中国人内心深处的精神世界和文化认同与物质现实间的关系。这种时空压缩强度与广度史无前例。在今天这样一个如此依赖工具与消费的时代，交通与各种时间表、日程、期限控制着时间，而空间则完全被限制在现代城市规划下混乱而拥挤的街道与高楼之间，至多也是被禁锢于社交软件所构架的扁平虚无空间中。

　　"压缩"与"拉伸"是一种图像化便于理解的形容词，时间压缩是指对外在时间、空间变化步伐加速的描述，时空拉伸则指时间与空间的延缓、扩展，或者说是扩张与解放。建筑学以及建筑师对当代的社会进程和真正的社会问题是微不足道的，但并非不作为，而是肩负起别人看来不起眼的责任与意识，将建筑作为一种通过其理念来传达精神价值、影响个体的内心世界，进而在最低程度却是最大深度上真切改变社会现实，修复、解放人类内在时空领域的工具。

其他

十一宅记

谭刚毅

几经辗转，我们一家三口终于到了英国谢菲尔德（Sheffield），迅速入住两位朋友帮我们租的房子，我们将在这里生活一年，粗略算来这将是我的第十一个"家"。安顿下来后，就不自觉地开始盘点自己曾经的居所。

1. 湖北省 M 县（X 市）Y 镇 T 乡 T 大队第三生产小队

这是我的诞生地，如同很多同年龄段的乡村小孩来到人世间的方式一样，我也是接生婆在家里接我来到这个世界的。后来，我妈妈当过一段时间赤脚医生，也帮人接生过几个小孩（当地称之为"剪"，也就是用剪断脐带来表示接生），这一门"手艺"居然后来在城市里也发挥过重大作用①。

这个家位于东荆河的河堤上，整个村子就沿着蜿蜒的河堤线性展开。屋后有一个码头，是当时生产队主要的一个货运出入口和客船停靠处。因为一侧是这个客货通道，所以我家只有一个真正的邻居。河堤内就是江汉平原典型的垸田，靠近河堤（也就是一下坡）便是生产队的禾场，禾场位于"大队部"（生产队办公总部和礼堂等）前，所以这里成了村里的重要公共空间。记忆中在这里全村人戴着白花②站在禾场上集体默哀，非常悲痛，"大队部"的山墙挂着黑纱和画像（后来才知道是毛主席逝世）；记忆中也曾有两口大锅，村里杀了牛在大锅中烹煮，翻腾的水中露出的牛眼睛非常吓人；还有育秧温棚里成行成垅的秧苗在腾腾热气中透着新绿，煞是好看……这些都是我上小学前的些许记忆。

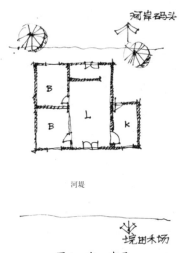

图1 宅一布局

禾场除了作为打谷晒场外，对我们来说最大的好处莫过于这里一年才两三次的电影放映。全村人都出动了，不管放的是什么电影。人们或坐或躺在河堤斜坡上，当然少不了小孩在电影银幕前后打闹，而我则享受着"楼座包厢"待遇——父亲把吃饭的小饭桌搬出来（记忆中还把桌子腿加长了），我们拿小板凳坐在桌上看电影。放映电影的"叔叔"成为我们村的"红人"，他因与在镇上工作的父亲关系特好，总是逗我让我也叫他"爸爸"。在其他地方放映时，我也曾坐在我"爸爸"用胶片箱堆起来的"高台"上看电影。

耳濡目染我也喜欢上了"放电影"。还不到6岁，我居然想着把床单挂在大门的门扇上，把家里唯一的电器——手电筒挂到梁下做投射光源，于是在八仙桌上再摞椅子，爬了上去……大事不好，一失足跌落下来，双手撑地，右臂两根骨头全部摔断，大声的啼哭被在宅前菜地里劳作的母亲听到，她求过路骑自行车的人载我到镇上治疗。假如我们居住生活的地方与生产劳作的地方距离不是这么近，或许我现在只能用左手书写和绘图了（或许因为残疾根本就读不了这个专业）。

记忆中村里还有一个大粪池，一个近十米直径的砖砌深坑。因为那个年代不光一

---

① 在珠海某医院在探视自己的女儿（正在医院生小孩）的路上，有一位孕妇遇到突发情况，还没赶到医院羊水就已经破了，我妈妈就在一个建筑的大堂里帮这位孕妇成功接生，然后和赶到的家人一起送往医院。

② 我觉得白花非常漂亮，没想到遭到村子里人的呵斥"不吉利"，我弄不懂，很委屈，因而印象也非常深。

切生产工具归生产队所有，而且要收集粪便等（积肥）归公社集中使用。也正是因为这种公共露天大粪池才酿成了全国很多大人小孩掉落粪池的悲剧，也造就了后来大学生张华跳入化粪池营救一位不慎落入池中的老农而献出自己生命的壮举和全国热议。

我们家是一个两开间瓦屋，旁边加一间半坡小房就是厨房，这也是我们记忆最多的地方。儿时，我们乡村小孩就是端着碗从这里出发边走边吃，差不多走完半个村美美回来了，这时可能已吃了不下两三碗饭。

前后两间房分别是家庭主人和老人小孩居住的空间。后面这间房留给我唯一的记忆就是因病总躺在床上的外婆。村里不具备医疗条件，家里也没有钱，只能听信偏方，采用所谓简便易行的治疗措施（用湿布包裹着烧得滚烫的砖块放在被子里熏蒸）。固然一些"土方子"和传统医疗方法能管用，但毕竟遇上重病杂症等也就无能为力了，更不会有开篇所谈靠粗浅的接生技术救人于危难的传奇，结果可想而知。

厨房不仅是一家最有温情的地方，有时竟然也是老人居住的地方！我见到奶奶最后一眼就是她躺在伯父家厨房门边的床板上……不要说所谓封建社会家中老者的威权，有时竟连安置一张床的空间都没有。可怜祖辈这些老人，操劳困苦一辈子却没有一个是"好死"的（过去常听乡里上年纪的老人说死时希望能"好死"——走得痛快一点或安逸一点）。

两间瓦屋是当时村里最常见的农宅，这也是妈妈从临近生产队的富农家下嫁我们家，通过"勤扒苦做"建起来的。父母刚结婚时还是小小的两间用高粱秆和河对岸垸田里生长的芦苇和"钢材"（当地称一种较硬的芦苇叫钢材）做的夹壁墙房子——现在看来这算标准的低技术地域建筑。父亲在镇政府靠笔杆子工作，所以我们家就是所谓的"半边户"——一个是农村户口，一个是城镇户口（吃"商品粮"）。母亲白天在生产队劳动，挣工分才能勉强分到全家人口粮，但明显因劳动力不够，我们家总是"超支户"——每年得向生产队倒交一些钱才能分够口粮。当时副业是不被允许的，但母亲和奶奶及年幼的姐姐常在晚上编芦席或编竹帘赚一些钱来维持生计，所以印象中客厅总是这些劳作的场景。

小学三年级时我们就搬到镇上，老屋卖给另外一户人家。再次回到这个最老的老家已是二十多年后，姐姐和我都在省城安家，妹妹则在沿海城市安家。清明节时，姐姐和我们两家人带上孩子和母亲一道回到那个围垸故地。每次都是开车或坐船直接到河堤下的爷爷奶奶、外公外婆、舅伯们的坟地烧香祭祖。因我们村去世的人多集中安葬在垸田中，这些阴宅也就组成了我们生产大队的第八生产小队（本来生产大队只有七个小队），因而说某人"住在第八队"也就成了我们村一个玩笑话，同时也是我们孩童关于鬼故事的想象之地。

一次祭祖完了兴起，我们决定回老屋看看。这条路不长，走过千遍，但变得非常陌生。过去宅子建在河堤上，每家宅前空地连成了村里唯一的主干道。这次感觉变"宽"了，两边也破败不堪，河堤下枯木横陈，田地里没什么人劳作，庄稼少见，但杂草"长势喜人"……

原来这里早已不是什么居住区了，因为位处洪泛区，所有自然村都必须迁到镇上去——所谓"迁村腾地"和"移民建镇"，每家给2万–3万元安家费。为了保证政策执行，安家费发放的前提就是原住户先得把自家房子拆了。这样原来的河堤有如荒废工地，这也不难理解为何"破败不堪"了。搬到镇上虽然不算背井离乡，但毕竟再回到原来的垸田耕作非常不便，往返近2小时。而绝大多住户到了镇上没有新的工作，所以很多人拿到安家费后，又将原住地的房子就着残垣断壁重新修补"盖"起来——形成了只有半截房屋（一半进深，新"类型"），这也不难理解为何感觉河堤变"宽"了。但毕竟回来"居住"的人大多只是上了一定年纪的，自然劳动力有限，也不难理解田地里人少，庄稼也可怜……

真是应了熊培云先生的那句——"谁人故乡不沦陷"！

2. 湖北省 M 县（X 市）Y 镇 Q 村第一村民小组村委会堂（办公室）

我读小学三年级时，我们全家搬到镇上，这个镇设在 Q 村。不知是因为考虑我们上学的时间问题，还是其他原因，我们在镇上的新房建好前近半年就搬家了。托父亲友人的福，安置在邻近村民小组的村委会堂（办公室）。记忆中好像一个大会议室一样的空间，几块木板隔在中间，分出客厅和卧室，客厅也是餐厅和厨房，而卧室又隔出前后两间。因为屋顶较高，自然隔墙都不会隔到顶，所以才有父亲和睡梦中的我隔着墙互相诵对唐诗的事情。

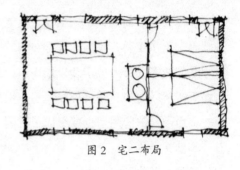

图 2 宅二布局

　　说来这个村委会堂也是村里唯一的公共建筑，有如过去乡村里的祠堂——用来接济需要临时住宿的人。过去祠堂提供同乡赶考食宿、凝聚乡情或同行成为一种民约俗成，这个村委会堂亦然，但夹杂了一些私情。

3. 湖北省 M 县（X 市）Y 镇 Q 村第三村民小组（剅沟巷）

　　这里是儿时居住时间最长的一个地方。这个镇位于东荆河中段河堤下，由最先的十字街发展到后来的"井"字形街。我们家就在镇西一排排行列式的房子中间，前面有一条水沟。这条水沟最初清澈可人，甚至可以洗菜，到后来只能洗衣服，再后来变成臭水沟和现在的沼泽、垃圾场，已经彻底不见其踪影。当年的文艺小青年在水边栈桥上吟诵茹志娟的《栀子花开》的场景也一同逝去，尚有门框上的门牌（剅沟巷）可追寻这一段不长的历史。

　　房屋为"四住三间"（当地称呼）——三开间，四间房。这间屋装满了故事和回忆，甚至惊悚。姐姐和我分别住一侧的前后房，在半夜我经常被"喋咔喋咔"的声音惊醒，就像老鼠在啃噬什么东西。原来是住在前房的姐姐熬夜苦读，靠吃蚕豆来赶走睡意。房子是双坡屋顶，两边房间上空都用整齐的木梁和木板隔出阁楼，多用于放置杂物。有一日，家庭风波愈演愈烈，我瞧见父亲在前面的房间写完东西不见了（中途已离开），且房门紧锁。我和另一个亲戚从后面的房子爬梯子上阁楼准备翻到前面的房里寻人和开门，但就在阁楼上看到躺着一个外人……以至于后来多少年我都经常梦到在各种阁楼上住着人，我总在搜寻、打斗、追杀等。因为房间相对较多，有时候在另一侧的后房我们可以培植一些蘑菇。

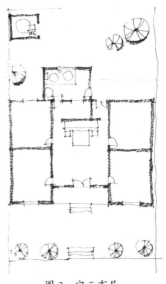

图3　宅三布局

搬到镇上，最先感受的现代文明就是看电视。那时电视是个稀罕物，小学老师居然要我们看电视写日记。于是母亲带着到处找有电视的地方（毕竟是夜晚，母亲担心安全），"看见一艘大船撞在冰山上就沉下去了"，不知道这算不算最短的日记。过了一年，又要求看电视写日记，我依然还是那句话，一字不改照写一遍，竟也蒙混过关。多年以后当《泰坦尼克号》电影风靡全球时，才记起原来看的电视就是该故事片旧版——《冰海沉船》（是灾难片，还是爱情片？）。直到后来姐姐考上大学，众亲戚攒了一台14英寸凯歌电视机送给我们。因为姐姐不在家了，我也得以搬到前面的房间住，才得以偷偷看电视直到屏幕上出现再见的图案。

搬到镇上，我们也不再是农村户口了，但还不是"商品粮"户口（那个年代乡里人的梦想），属于"定销粮"，算是一种折中——还在务农的商品粮户口？姐姐和妹妹已先后考到省城中专就读，她们通过就学成功升级了自己的户口。我在读高中，也只有"跳龙（农）门"这一条路。

家中只有母亲一个人干农活，忙里忙外，这些年邻居给予了很大帮助。农田距家有半小时路程，母亲中午都在田间吃自己带的"盒饭"。我在下午课后骑自行车到田间将母亲采摘的棉花等驮回来，所以大白天只有依靠邻居家的奶奶帮我们照看和翻晒了。邻居家奶奶看我第一年高考未果，就善良地劝我务农帮衬母亲，还建议将她漂亮的外孙女嫁给我。我母亲也算是当地农村的知识分子，除了可以按照农业科技书科学种田，产量比别人家高以外，就是执意让我们三个子女读书成才。若干年后我们回到镇上看望邻居家的奶奶，奶奶被白内障折磨得几近瞎眼。人说养儿防老，可到老了，儿子甚至还需要她养活。看到我们一家现在的情形老人高兴之中也为自己叹息。我们送了一点钱给老人治病，过两年再回去时老人已离世。不仅如此，我母亲的几个兄嫂也因高血压等病或瘫或已去世。所以每每母亲想回到乡里生活，不仅我们劝阻，她自己也多少有些害怕。害怕的不仅仅是生病，还有社会治安问题。因为中心镇建设，大量周边自然村的人"被"涌入镇区，街上"繁华"了不少，满街都是商店和一些无业人员，房子也建高了不少，更显街道狭窄和拥塞。一次我们回乡在家稍作停留便前往一个亲戚家拜访，正准备回城时，邻居就来告知家里被盗了。我们一点也不担心，因为家中早已什么也没有了。估计这个贼看到我们从城里回来，以为我们带了些钱物放在家中。到家一看还是被狼藉的景象所吓着，所有东西被挪了位，衣柜里的被褥杂物抖落满地……

又应了那句"谁人故乡不沦陷"！

4. W 大学单身公寓（筒子楼）

我也成功地跳了龙（农）门，大学四年后我留校工作，第一次有了自己的居所，虽然只是和同事合住一室。这是一种在高校非常普遍的单身教工宿舍楼，俗称筒子楼。一般 2-3 层，内走廊，北边两端是楼梯，南边中间是厕所、水房或淋浴间。后来曾在高校中兴起过一阵筒子楼改造风潮，用以改善青年教师居住条件。我们这一栋改造的结果就是直接拆除，或许因为太靠近校门，这种低矮的老房子有碍观瞻。

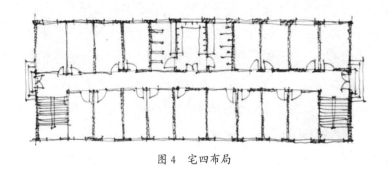

图 4　宅四布局

我住的这栋为青年男教师楼，但近半数都成了新婚男青年蜗居的新房，在集中的水房、厕所经常会遇到青年教师在里面淋浴，甚至偶尔也会遇上一两次为了解决"内急"的嫂子们。住在这样的房间，虽然简陋，但也乐得自在。哪个家伙要结婚了，同室很配合地另谋出路。相互间也时常串串门，有时楼上楼下也"串"。因为都是木楼板，又年久失修，楼上有什么动静，楼下全清楚，甚至有时掉下几块天花的抹灰或木条子。本来怒气冲冲上楼去理论，回来却和颜悦色，可谓不打不相识。其实最要命的就是寒冬腊月，倒不是因为什么风寒雪冷的，而是嫂子们在走道里煲汤，香气弥漫整个廊道，透过门缝，随着冷风一起沁入你的心鼻。诱惑！这种冬天在走道里熬汤真的是一种罪过！正当你再猛吸两下香味时，就听到门外走道里有人大喊一嗓子："谁家又在熬汤呀……"忍俊不禁。

事实上我在分到这半间房时已是我工作近半年之后，毕业留校分不到房完全不是因为学校房源紧张。我辗转于原来的学生宿舍、学院传达室（潮湿，风湿病留给我一辈子的记忆）、学院二楼（顶楼）会议室（这是一个楼面起灰、天热时极其闷燥的房间，基本不做会议室用，所以才得以"赏"给我住）。最后终于在我担任班主任时，班上一个学生帮我"分"到了上文所说的半室，因为他是房产科科长的亲戚。如果说我父母可以通过自己的勤扒苦做，完成自己居者有其屋的愿望，那我这样工作再怎么努力也不一定能解决住房"福利"的问题。

5. 武汉市三阳北路（澳门路）

这一年是一个比较特别的年份，1999 年，我结婚了，为讨个吉利，也选在了 9 月 9 日去领的结婚证，虽然什么仪式都没有办。在岳母资助下，我和妻子低价盘下了一套只有使用权、没有产权的结婚用房——属于自己的住房。同时，这一年澳门回归，我们房子所处的这条路，也由原来的三阳北路改成了澳门路。

这是一个蝶形平面的住宅楼里的单元。开敞的楼梯间连接着前后各两户单元，因而朝南两户小，且比朝北两户低半层。这种一梯四户住宅在当时应算比较新颖的。我们的单元是两室一厅，这一个北厅兼具入门的过厅、客厅和餐厅之用，非常小，因为它与厨房、卫生间一起才与南边两间房的面宽相同。

因为我经常在外地（求学），这个"新家"倒不常住。因为紧临小马路，没有什么物业管理，但还是有一个居委会（也不在附近）。周遭比较脏乱，我们的楼层又低，所以这间屋给太太留下的印象比较糟糕，甚至还有老鼠从马桶里窜出来！对我而言，这里只是留下了"婆媳让梨"的记忆：媳妇希望婆婆多吃水果，想吃就吃，婆婆认为自己少吃一点，媳妇（儿女）就可以多吃一点，最后水果还是经常剩下而变质。

不到一年，我们俩就都奔赴南方，分别在两地求学，所以小两口就聚少离多。

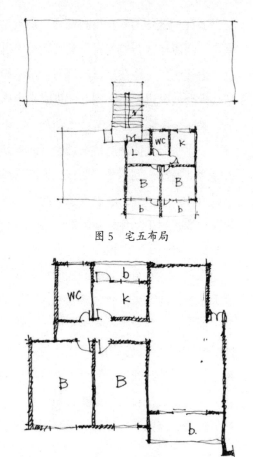

图 5　宅五布局

图 6　宅六布局

6. 广州市 JY 花园

到广州读博士前后的我都是在学校度过的，不是读书就是在工资少得可怜的高校里教书。依然清贫的我怎么样也要在这个南方都市能自给自足和赡养母亲。因此，我在完成自己学业和导师的工程外，还在外边兼了两份差，一份固定的，一份临时的。在香港读硕士的太太有时周末也要回广州，因此我从博士公寓搬出来在学校附近与同学合租了一套两室两厅的房子。

这是紧邻铁路的一个小楼盘，明显是房地产开发初期的产品：规模不大，单元楼四周布置，中间围合成一个院子，形成小区景观。此时的商品房一般厅比房大，不同于以往的户型——房大厅小，也就是生活中的主要活动已经从原来大而全的卧室移到了客厅（餐厅）。一天奔波劳碌回来，困倦得只想先小睡一会再去吃饭（在学校就错过食堂开饭时间了），因此把母亲接到广州，互相照应。我们租住的单元有独立的餐厅，她便住在餐厅隔出来的空间，不是怠慢母亲，而是她喜欢"敞气"（开敞、通风好的）空间。

因为背靠铁路，本来我们担心噪声，后来才发现，一天也就是在固定时间火车经过时才比较扰人（半小时到一小时一趟），比起后来住在主干道边的房子，这点噪声只能算"小巫"。

虽然是和同学合租，但也其乐融融，互帮互助，像一家人一样。我们都有自己的工作，只是晚上回家。母亲则做好两顿饭后，主要在院子里玩，在周围散散步。晚上告诉我们一些见闻，譬如哪家闺女想托她找对象了，并分析有的是因为工作自己耽误了，有的是因为从农村来想找一个城市户口安家不挑人的。但我不懂来自全国各地的老人方言都不一样，她们怎么交流。有一天，母亲告诉我她与一个潮州太婆、一个台湾回来的老兵聊了半天(汗！这差不多是中国最难懂的两地方言)，大家基本上听不懂，但连说带比画，甚至辅以用笔写……她评说道："那个老兵喜欢吹牛，那个潮州太婆好寂寞的。我们三个人聊天感觉像丁丁三人行（锵锵三人行，因为我们中午常边吃饭边看凤凰卫视的这档节目"）。我这才明白人与人交流的意愿是可以超越语言障碍的。

7. 广州市 JY 苑

经过两年的打拼，我们的经济状况不那么拮据了，太太也从香港毕业了，在一个外企设计公司工作。我们决定按揭购买一套二手房。我们选定了一个有近 10 年房龄的楼盘，距离学校和公司都比较近，也够用，三室两厅。房屋中介告诉我们这个楼盘原来是香港老板在广州开发的高档楼盘，没想到我们一不小心要住上豪宅！仔细想来，这个楼盘还是透露出许多豪宅气息（只是些许"过气"了）：占据广州市最繁华的地段，整个用地深挖满铺作为地库（车库）、电梯配置（数量）、超大客厅、（装修改造时发现）墙体施工、地板材料（实木条立砌拼花）等。这套房最大缺点就是噪声大（比火车道旁边的房子吵多了），专门研究减噪并购置了德国进口的通风隔音窗也好不了多少，最后还是人的适应能力强。

这套房约 120 平方米，大概 40 万元，所以我们按揭能够承受。本来是二手房，但我们办的却是全新的按揭。因为原来的房主（香港人）本以为炒这些豪宅可以赚钱，没想到国内楼市（广州市）迅速发展起来，开始时这套房卖近 100 万元，他在供了 40 万元后，房价就开始跌，如果他继续供下去，损失将超过 60 万元，所以他干脆不再供楼（中国也没有信用制度），还可以少损失 20 万元，而甘心让银行收回，因

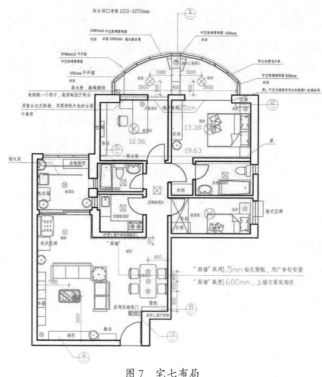

图 7 宅七布局

而我们是以新楼程序买的旧楼。

毕业后我们离开南方热土，回到故乡省城工作，就将这套房租给两个上海来的白领女士。两位自己不会用某型号的热水器居然要换一台，家里的电话也被她们打爆了，但谁也不愿承担，最后叫我们停掉电话……打理真不方便。为了省却很多麻烦，加上太太在怀孕期间学习理财，政策也将调控，她决定将此房出售（当时市价60万元左右）。扣除装修、契税、手续费等最后算是保本。可又过了三五年，广州市举办国际重大赛事活动，城市建设再度发展，该房市价已经翻倍。我们只能互相安慰，就当我们在那里免费住了两年，但归根结底我们不是理财的料！你不理财，财不理你。我这种对财一点都不敏感的人，理财只会耗费我的精力。我总相信面包会有的，不是我的终归不是我的。

8. H 大学西二区

到 H 大学工作，顺利分到为新老师提供的"周转房"。这是一个三间标准大小的卧室一顺溜朝南的旧房子，北面就是不大的客厅（兼餐厅）和不大的厨房、卫生间。这样的三室一厅一厨一卫大概每月要缴学校450元，对于我这个博士刚毕业的讲师算是非常高了，曾经有一个月拿到工资单（现在已经见不到工资单了，都变成电子的了。没有了这种凭证，也没有了发工资的感觉），扣除水电、公积金后实发工资竟然只有260元，这是2004年在中国一流大学里工作的年轻老师收入的真实写照。

相比在上一所大学工作时提供的住宿条件已经有了质的改变，而且我更应该知足的是这类房子原来是供副教授住的。教授住的房子在空间实体上的差别（当然还有货币形态的差别——补贴）就是北边的客厅进深可能大1米，相应的厨房卫

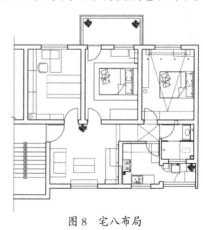

图 8 宅八布局

生间也大一点，这些点滴就体现了科研院所或事业单位内的等级差别。

三年后，这里也变成了我们女儿居住的第一个住房，但不是她的诞生地，因为现在基本上除特殊原因外，差不多所有人的诞生地都是医院。这个新生命给寒冷的朝北客厅带来了温情和欢乐，直至周岁时她的活动空间开始蚕食我们的工作空间，同时我们的经济条件开始明显改观——但不是靠工资，而是工程设计（即所谓横向科研）和太太的收入，于是我们开始"见异思迁"……

学校和事业单位已开始住房改革，学校和开发商先后联合开发了一些"商品住宅"，虽然"商品化"了，但依然需要按一套复杂的计分方法排序，这样决定购房资格和挑房顺序。对于我辈年轻老师来说基本上是不可能的了，因为退休老教师、行政部门领导的得分大多会高过年轻老师，即便你是博士、副高，甚至系主任什么的。毕竟这类联合开发楼盘售价比市场上同类商品房便宜近一半，当然趋之若鹜。

9. 武汉市 JQ 小区

在等待学校联合开发的一个新楼盘未果，或者说没抱希望的情况下，全家决定在学校附近购买商品房。该楼盘因靠近名校，连楼盘名字也要绑上更有名的名校。

严格意义上讲这是我们全家第一套新房子，也是我们自己按照自己生活习惯和审美装修的一套房子。这里有我们对客厅、餐厅、主卧等空间一些非常规的理解，但又采用常规装修，同时也小小尝试了一下开放建筑理念的运用，以适合不同情况下的灵活使用，尤其实现了孩童在家里穿套、嬉戏的空间。

图 9　宅九布局

自己曾写过几段文字，整理设计思路和使用后自我评价：《过日子——三房两厅的装修》。

厨房－餐厅

世上最好吃的是"妈妈菜"——妈妈做的菜最好吃。家人团聚时总是围聚在餐桌旁。当有了小孩时，无论出于家庭氛围营造，还是出于小孩身体健康的考虑，在家中准备新鲜营养的三餐尤显必要。梁思成曾特别称道每天晚餐时父亲梁启超的训导给了他们很多启蒙和教诲……

图 10　厨房看餐厅

做家务是烦琐的，厨房不能只是父母的空间。厨房和餐厅连通，父母的辛苦让小孩也能看到。父母在做饭（家务）同时也能看看电视，边工作，边放松。大家忙碌，都无暇看电视；吃饭时一起看看电视，聊聊天，也是一种家庭氛围。

客厅－餐厅

客厅：一切皆有可能；餐厅：没有不可能。

客厅：起居，餐饮；聚会，观影，研讨；游戏，学习，睡眠……

餐厅：就餐，起居；交谈，休息，制作；大人工作（餐桌＝大工作台），小孩学习……

次卧－客厅

次卧是长者完整且相对独立的世界。客厅和餐厅围绕次卧，为长者展开天伦画卷。

客厅－书房

客厅是会客交流的地方，家人围聚的地方，将如此温情的时间让位给"电视"，任由"主持人"摆弄未免……客厅是书房的延伸，也是解决书房面积有限的办法；书房是客厅的深入，也可用于相对私隐的会客。

客人是整个家庭的客人，不仅仅是某个家庭成员的客人。所以客人来时，除非有特别的急事需要处理，书房才会与客厅隔断。平常书房与客厅可分可连，或许在里外两个书房（客厅）中穿行，更有利于转换思维。

图 11　客房—客卧

主卧－书房

男主人三分时间在家伏案，女主人早出晚归，故而卧室舍南向而书房朝阳。一起起居，一起工作。或一人卧榻，一人伏案。

当面向客厅的两道门关闭时，书房和主卧变成了二人世界；当三道门全部打开时，书房、主卧和客厅可形成小孩游戏的环路，有如迷宫空间。

书房－客卧

客人非亲即故。留宿客人也多是爱书之人。当两三家光临时，书房之外客厅（也是书房）也变成客卧。当女（男）主人已就寝时，如果在书房夜读或工作的男（女）主人困倦了便可以"就地"休息，书房也就变成了两人相敬如宾的客室。

10. 香港土瓜湾 FY 阁

因为到香港大学做访问学者，所以有机会在动感之都小住半年。香港大学位处香港岛半山，很多供出租的小房子（鸽子笼）就在山下，每天"上山下海"非常能感受香港山地城市和海港城市的特点。因为短期租房，在香港大学山下寻租未果。后来经朋友帮助在土瓜湾入住。在我看来这是一个非常好的住区，不远处就是香港过去的机场和九龙城寨公园，说不定能在有关香港老机场的明信片（大大的飞机悬在一片密集的有些破旧的楼宇之上）中找到这栋楼。这里生活非常便利，交通也很方便，除了不通地铁。这是一个铅笔楼（我习惯称之为筷子楼），相当于内地标准层极小的高层（甚至超高层），比例细长，高耸入云，有如铅笔（筷子）。

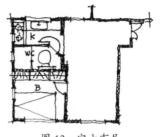

图12 宅十布局

这是一个一室一厅一厨一卫的小户型，40多平方米，在香港售价大约300万港币，约是内地的10倍（不算北上广深）。虽小但非常紧凑，空间利用效率极高，居然还有南北对流通风。卫生间与厨房紧邻，一垛斜墙将卫生间的一点空间偷给厨房，增大厨房出入口，卫生间的尺度及厨房的案台、洗衣机等都刚刚好。

中途太太、女儿来小住，一天晚上大家正在安排迪士尼乐园之行的时候，宝宝从窗边沙发上滑下来，下巴磕在窗台上，当时就开了一个很大的口子，鲜血不止。太太都快急哭了。我们给朋友打电话求助后一同前往广华（公立）医院"急诊"，说是急诊实则先要分流，根据危重程度先后接诊处理……我们女儿的伤口居然只被定了一个三度危急，这种程度平常晚上急诊要等很长时间，因为大家都是白天上班，而且现在香港医疗资源（主要是医护人员）相对不足。好在当天比较幸运，人比较少。约半小时就进到医疗室进行伤口处理。总共花了约680港币，包括伤口处理、缝线，后来换药、拆线和口服药等。如果是香港本地人，可能只要几元钱。记得刚给朋友打电话求助时，朋友第一个念头就是肯定是活动空间太小造成的。要说住惯了国内大尺度的房子初到这里还真有点不习惯，空间小，家具尺寸也小，所谓King size的床铺也还比我们1.5米的双人床小一圈，1.8米长的床和被子经常让我的脚丫子动不动就悬挑在外。

楼下就是一个剧场和一块篮球场，从住处步行绕过一个山头就可以到达住在何文田的朋友家里，这个山头就有一片足球场和大块公共健身用地（免费），其间经过几个中学和一个开放大学，也经过两个大型公屋。朋友家算是豪宅（晚上屋顶上会亮灯的那种），对面就是一个公屋的活动场。朋友经常戏言：住在对面公屋的人肯定在一边锻炼一边嘲笑我们：住在所谓豪宅里的人什么活动空间都没有，日常生活配套也不方便。这也是香港的一个特色，公屋和豪宅是两个不同阶层人居住的，各得其所。虽然香港居住密度超高，但每隔一定距离就有公共活动场地，如运动场、街角公园、街市（综合性菜市场和运动房等），分布比较均匀，还有遍布全港的郊野公园和一些离岛、渔村，疏密有致，各适其所。

访学期间除了完成研究课题外，我也遍访其他学校和建筑署等部门，朋友就告诉我，"如果刚认识的人问你住在哪里，千万不要说住在土瓜湾，反正你住的位置非常靠近何文田，你就说住在何文田。"果然，我屡试不爽，从别人脸上的表情就可以看出朋友说的是对的。个中原因可想而知。不光是这两个区，就在何文田的另一边，火车道两边仅一路之隔，房屋价格就相差近一倍。

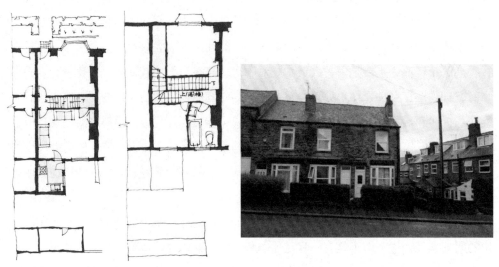

图 13 宅十二布局及外景

11. 英国谢菲尔德 S10 区

即将远赴英伦访学时，托朋友们帮我们租一套房子，没有别的要求，只是希望住在有英国特点的传统社区。

整个谢菲尔德由 7 座小山组成，这里没有像国内那样削平许多山头（所谓"三通一平"）而抹去地形的印迹和自然的历史，所以这里的道路蜿蜒且高低起伏，非常复杂的路网形成鲜明的城市特点。S10 这个区域的社区亦是如此，初来乍到，真会被这没什么规律的路网弄昏头而回不了自己的"家"。街巷几乎没有一条是平的，自然道路两边的房子也顺着地形逐渐升起或跌落，屋前场地也是如此，各家门前花园小平台次序抬升形成阶梯状。

这是一个典型的英国联排 House（英国将住居分为 house、apartment、ensuite room、studio 等）。3 米面宽，2 层主楼，底层是前后两个近方形的房和厅，另有 1 个阁楼和 1 个地下室。阁楼可谓充分利用屋顶空间，非常敞亮。地下室（地窖）表明这栋建筑建造时考虑了战争避难之需（战前建造），这个社区随便一栋房子都有八九十年历史，都有沧桑感，但并不破旧（可能国内人并不这么看）。前面绿篱围合一个很小的前院和出入口，后面是与主楼相连的厨房和一个 L 形小后院。

这里用水只有一家自来水公司，但水费很贵，其中包含了排污费。但计量往往根据你的物业（房子）的房间数和人数等来计算。用电和煤气居然有好几家电力公司和煤气公司供选择，但真没明白一个入户线路怎样会有几家公司供应？

这里空气非常清新，安静得出奇，穿过两三条街就可以到商业较集中的地方，这里也只是小小的热闹，也见不到太多人。我很享受这份宁静。

后 记

　　《十一宅记》是我初到谢菲尔德时写的。后来我们先后合租的三家在此访学求学的人都成了好朋友，留下了美好的记忆！当然也有一次两家人一起出游时，一群teenages（青少年）小偷从厨房后窗入室偷走了好友的电脑（存着她在写的博士论文呀！英国对这些青少年犯罪也没有办法）。这里也仅仅是将居住超过半年的住处（不包括学生宿舍）凭记忆整理下来。虽然从事建筑学专业工作多年，但也尽量不用所谓专业眼光来审视这些曾经居住过的宅屋。原来有一个口号叫作"居住改变生活"，但生活不同，居住也应不同，生活和居住空间相互塑造。通过简单的回忆也不难看出居住其实真不简单！涉及时代背景与政策法规、生活方式与生产劳作、聚落外部环境与生活圈层、户籍与口粮、产权与管理、经济能力与角色定位……宅屋即社会！这或许就是人居环境这个视角所应关注的。这个居住历程虽然是个人的，但也鲜活，也会唤起其他人的经历和记忆。居住可能是一个抽象概念，但生活是真实的。生活中的点滴与专业密切关联。由此我在想，能否让学生（研究生）从小处着眼，观察思考，从而完成一次简单却又真切的学术训练？于是有了前言所述的方法，回国后实行已六年。

　　每年布置寒假作业后，学生"自由观察"与思考、"自由命题"，其次工作室组织分享，经过简单的训导，共同探讨其他可能的视角、问题和关联，然后学生们再修改和微信推送……我深刻感受到学生们过去所受"教育"而养成的观察和写作习惯是何等的"顽固"，以至于学生们依然不由自主地"回到老路上"，但学生们多少改变了一些观察认识的视角，最重要的是"话语方式"甚至"研究范式"有了些许改变，这正是我希望看到的。收录的文字主要出自硕士生，也有博士生和本科生，很多文字未免稚嫩，认知也未必深刻，出版时我再次仅做部分文字的梳理，保留"原味"，我想这本集子本身就是基于同样的"命题"、不同学生的不同认知和文本表述的一个样本，它也是春节前后中国城乡大地上的故事和发生的变化的一个缩影。有的景象描绘的虽只是一个"像素点"，但也依稀可以窥见一些全貌，可谓是一个工作室里的"中国"。

家与乡的含义非常丰富，学生也最容易熟视无睹。但在这些篇章里我们读到了很多鲜活的感悟，不一样的解读，也丰富了我们对家乡的认知。既有真实的经历，还原"乡"的本义（饮食，泛指聚餐），也有某种超现实的境界。老公的家乡在妻子眼中是一个"房子"和"面子"的世界，间歇性的活力世界；故乡是儿时的土城和"老家"，不是新围的城墙和广场；家乡由爸爸的老家变成了奶奶的家，奶奶去世后也就回不了"家乡"；沧海桑田，水乡变都市，家乡不可以吐槽，该吐槽的或许该是自己……

三线建设基地随时代发展，变化中的习惯沉淀为传统；深山的小镇发展的脚步无可阻挡，能否慢等等这里的人和乡愁；啼笑皆非的建筑和天价乡村婚姻，表姐婚礼中察觉乡村发展的矛盾；仅过年返乡的过客用一种近旁观者的视角审视家乡；暖阳下的春城，游子落叶归根……家乡小镇房地产存大量空置房却依旧开发新楼盘；伴随新农村建设，记忆中的老家拆迁，新房装修碰撞家人"甲方"；武汉原住民畅谈三十年衣食住行的变迁；守城者在假期短暂的喘息中静享城市的孤独；从家乡到一千多公里外的海口过年，只为无法脱手的度假房……

在"乡村春晚"背后探寻孝感三利村兴旺发达的原因；自宅小院：父亲的建筑学实践；冷清的街道和荒芜的原野，家乡小镇在发生什么样的变迁；中原传统丧葬仪式见闻。乡村外迁现象折射出天价彩礼、男女比例失衡、农村结婚难等社会问题；寻根问祖，从游花灯传统民俗探寻芷溪客家古村的变迁；一条道路沿革与复兴，城市记忆在改造中何去何从；自家门前的街道，见证着家乡近年来的发展。

土地是乡下人的命根，当乡村的人口涌入城市，生养我们的土地又该何去何从？家乡街边的桩式共享单车引发对社会问题的探讨；寒假的旅途中的菲斯古城让我看到保存完好的街道，观他乡反思我乡。繁华背后，平凡生活中揭露不一样的澳门；老家繁荣下的变化和衰败；乡村发展速度很快，似乎不断在向统一化与标准化迈进，那么，我们为什么还在期待着"回乡"？《回家·乡记》——关于家乡的故事，让我们思考家乡存在的系列问题，也只有回乡才能让我们体会到故乡的沦落、发展和某种久违的温暖。

感谢同济大学出版社陈立群先生的支持，以及各位编辑的辛苦付出。感谢工作室的小伙伴和加入"训练"的本科生，希望继续观察思考，见微知著。

谭刚毅　谨识

以下图书已经出版，敬请关注

《中国城池图录》

原书 1940 年前后由侵华日军司令部刊行，详细介绍了华北、华中、华东、中南等地 100 余座城郭，基本以 1/10000 平面图、剖面图等标示城门位置、城内主要街道走向、城墙壕沟和护城河及桥梁位置等。部分城郭还标记有城内住户和人口数。标示尤为详细的是城门结构、城墙厚度和护城河深度，并有多幅 1/500 详图，对研究城市史、建筑史等，具有重要参考价值。

《陈迹——金石声与现代中国摄影》

第二届中国年度摄影图书。

这是一位跨越 70 年创作历程的摄影大师的"陈迹"，整本图册收录金石声 (1910.12.26 ～ 2000.1.28，本名金经昌，中国现代城市规划教育奠基人、中国现代城市规划事业开拓者) 从 1920 年代末至 1990 年代末内容广泛的千余幅摄影作品和 7 位一流专家学者的文章，内容丰富，编排得当，所收照片充满历史气息，珍贵耐看，无论大小都印刷精准，层次把握微妙，精益求精，对于专业摄影研究者和普通的文化和图像爱好者来说，都是值得关注的一部大作。

详情垂询，请 E-mail：clq8384@126.com